LOCUS

LOCUS

LOCUS

LOCUS

from
vision

THE
METAVERSE
登入元宇宙

THE DIGITAL EARTH—THE WORLD OF RISING TRENDS

解放自己，擴增夢想的次元

메타버스
디지털 지구, 뜨는 것들의 세상

金相均 ——— 著　張雅眉、彭翊鈞 ——— 譯

目錄

PART 3 **生活日誌化的世界：**
將你我的生活複製到數位空間

鏡像世界：將世界複製到數位空間

虛擬世界：
創造出前所未有的世界

編按：本書出現註釋均為譯註，書中提及之企業市值、營業利潤等，統一採
美元標示，以利讀者參考。

推薦序

金慶日（김경일）

《智慧的心理學》作者、認知心理學家＆亞洲大學心理學教授

　　以《快樂為什麼不幸福？（*Stumbling on happiness*）》一書聞名的心理家丹尼爾・吉伯特（Daniel Gilbert），曾做過以下的研究──他問人們：「過去 10 年，世界改變了多少？」大部分的人都說變了很多。接著他又問第二個問題：「你覺得往後 10 年世界會改變多少？」人們的回答卻沒上一個答案樂觀，大多都說往後 10 年不會有什麼變化。大部分的人都是這麼想。更令人惋惜的是，年紀越大的人越覺得過去 10 年缺乏改變，也推測未來的 10 年根本不會產生變化。

　　這個結果讓我們體會到兩個扎心的事實。第一，人們會低估且小看未來的變化。第二，年紀越大越會如此。之後的研究結果更讓人不知該做何反應──年紀輕輕就事業有成的人，卻像上年紀的人那樣有小看未來的傾向。因此，想遇見一個看好未來的變化、年紀不大，而且還很成功的人，簡直

猶如海底撈針。我回顧自已過去的 10 年，身為一名見過許多人的心理學家，那種人我見過幾個呢？我最先想到的人當然就是金相均教授。在閱讀本書的過程中，我總是非常生動地看見並體驗到他所說的未來，甚至都起了雞皮疙瘩。與其說是推薦，我真的很想跟他說聲謝謝，感謝他讓我有這樣的體驗。

金俊秀（김준수）

SBS 綜藝本部製作人＆《叢林的法則》企劃

「在資訊無限多、內容無限多的時代卻無限匱乏？」

「最近電視上真的都沒什麼好看的節目。」很多人這麼說。身為電視台綜藝節目的製作人，在因這些話感到負擔的同時，也覺得自己身負重任。2020 年的此時是新冠肺炎的時代，也是因疫情而快速變成主流的零接觸的時代。或許是因為我專攻傳播媒體，所以自大學時期起，聽到耳朵快長繭的話題就是新媒體和數位時代。大學時曾學過的「電腦＋TV」、「媒體平台的合縱連橫」、「節目生產者及消費者合而為一的產消合一者（Prosumer）」的時代早就來了，現在是該為後數位時代做準備的時候了。然而，這本書卻對在這

種時代製作文化內容的我們提問：「目前為止你們做了什麼，現在正在做什麼，往後又該做什麼？你們有煩惱過這些問題嗎？」這促使綜藝企劃人回顧，自己在製作節目時，是否有嚴肅地思考過「綜藝節目是從何而來？現在在哪裡？往後又該往哪裡發展？」。我不經反省，在顧及收視率、廣告收入、話題性之餘，我是否每次都在重複製作同樣的內容。本書啟發文化內容製作者去反思這類的時代問題。

　　金相均教授撰寫的這本《登入元宇宙》，正是告訴我們數位地球從哪裡來，現在在哪裡，往後又該朝哪裡前進的書。簡單地說，就是為生活在數位時代的我們指引方向的書。我們現在覺得理所當然的數位世界終究不是理所當然會出現的產物，本書會告訴我們現在的數位世界為什麼會誕生。當然，關於數位時代的片面資訊，透過行動網路上的新聞就可以輕易接觸到，不過在本書中可以讀到關於數位時代系統化資訊的脈絡，這遠超過那種碎片化且有限的新媒體報導。電影《星際爭霸戰》化為現實的時代，擴增實境可以在遊戲、電影、電視節目等所有文化內容中呈現出來的時代，在這樣的時代中，跳脫既有綜藝節目型態——脫口秀、喜劇、真人實境、觀察型綜藝等——的元宇宙綜藝節目，究竟會有什麼樣的風格及內容？我認為關於新綜藝內容的答案就在這個元宇宙

裡。我可以大膽地說：「綜藝內容的未來就是元宇宙。」

　　若是文化內容相關的從業人員，我建議可以讀讀看這本即將在元宇宙時代成為指南的書籍。希望你可以馬上跑去書店買下這張元宇宙的門票。你將本書拿在手中的那瞬間，就等於是搭上了奔往數位時代的 N 號元宇宙公車，光是坐在公車上，你就能親自感受到這班車即將駛往哪個終點站。

郭城煥（곽성환）

韓國文化產業振興院組長

　　所有人的生活都因為今年春天的不速之客——新冠肺炎病毒——而持續在改變。零接觸在國家、社會、個人等各個領域都成了主流，導致我們生活在之前並不那麼了解的元宇宙裡。

　　本書中有三個主題我很有共鳴，那就是 Cyworld＊、科幻電影《一級玩家》和 Zoom。自 1999 年起，50 幾歲的人大多在那時初次於 Cyworld 這個網路平台使用社群媒體，並且帶動了一股熱潮，但現在 Cyworld 卻跟不上時代的潮流，被 Facebook、Youtube 等取代，就這樣從記憶中消失了。2018 年在史蒂芬・史匹柏（Steven Spielberg）執導的科幻電影《一級

玩家》中，主角們使用 HMD（Head-mounted display，頭戴顯示裝置）讓化身在虛擬世界中代為扮演自己的角色。創立於 2011 年的線上平台 Zoom，成為了在零接觸時代必備的線上會議系統，現在股價呈上漲趨勢。

若你也一樣關注這些社會現象，就能知道我為何如此同意作者的觀點，只有理解和適應元宇宙的人才能在當前智慧型手機手機、電腦、網際網路等數位媒體時代過得很好。我推薦你讀這本書！

柳任相（류임상）

首爾美術館學藝課長

隨著零接觸文化快速擴展，活用空間特性且強調作品真偽的文化內容產業，大多遭遇了龐大的危機。大型美術館面臨非常重要的時期，現在必須從經營的根基開始重新思考。

在金相均教授所撰寫的有趣書籍《登入元宇宙》中給了

＊ Cyworld 成立於 1999 年，在手機普及化之前曾經是韓國最大的線上虛擬社群，會員人數最多時超過 3500 萬人。於 Cyworld 註冊的會員擁有自己的迷你小窩（minihompy），同時網站也提供相簿、留言版、線上聊天和電子郵件等功能。其餘內容請參考本書 p134 頁的內容。

很棒的提示，指出傳統文化藝術體系克服這類危機的方法。所謂的藝術，基本上就是藝術家苦思如何讓他們構想的「虛擬世界」帶給觀眾樂趣的成果。元宇宙是不能再逃避的「嶄新藝術體驗的領域」。希望許多藝術企劃人都能藉由本書獲得靈感，跨入零接觸的世界，誕生出擁有新藝術、產生新共鳴的「ART 元宇宙」。

鄭民植（정민식）
CJ E&M tvN 製作人 &《為你讀書》、《怎麼辦大人》、SAPIENS STUDIO 總企劃

　　即使時代改變，依然不會改變的最根本的本質就是人類這個存在，以及人類彼此之間的關係。如同站在巨人的肩膀上就能看到更廣闊的世界那般，若透過《登入元宇宙》來看世上，我們將會在人類身上以及人際關係中看見嶄新的基準和往來方式。希望讀者能透過本書看見嶄新的世界、看見每個人獨有的宇宙。真心支持為了讓人在新常態時代旅行而誕生的嶄新數位導覽書《登入元宇宙》。

崔在鵬（최재봉）

《手機智人》作者＆成均館大學機械工程系教授

　　金相均教授是個奇怪的人。他專攻認知科學，卻放下該讀的書，完全沉浸在遊戲當中。而且他甚至還當上教授，打算正式地教導學生關於遊戲的一切。企圖用遊戲的視角來解讀世上萬事的奇異國度夢想家——金相均，我也因此很喜歡聽他談論事情。

　　他所談的元宇宙，就是我研究的手機智人的新宇宙。在我腳踏實地地談論手機智人的同時，他的想法已經穿越了宇宙，創造出嶄新的世界，自由自在地穿梭在其中。為什麼手機智人的文明可以主導世界？我看著他研究的成果，既讚歎又深有同感。《登入元宇宙》確實呈現出手機智人文明的細節和未來的方向。我建議期許自己有個成功的未來的人，或是想要有智慧地開發自我潛能的人，都一定要登陸元宇宙，嶄新的宇宙正在等待你。

突如其來的零接觸世界？
其實只有你不知道元宇宙

　　與 2020 年一同到來的新冠肺炎，改變了我們生活中的
許多部分。準確來說，比起改變，更接近革命。我們一直以
來都認為見面是最棒的溝通方式。過去我們相信在咖啡廳、
餐廳、教室、辦公室、公園等空間中，與人見面、一起玩
耍、讀書、工作的生活方式是最棒的。但抱持這種想法的我
們，卻因為疫情爆發而變得難以共處同一個物理空間。

　　「零接觸（untact）」是接觸（contact）與表示否定的字
首「un-」合併而成的新詞彙，這個詞彙以極快的速度融入
我們的社會，成為了普遍文化。雲端、遠距教學、Zoom、
WebEx、Teams，這些關鍵字在 2019 年末之前，對我們來說
都還是相當陌生的概念，但在疫情爆發之後，這些詞彙都變
成了日常的單字，短短幾個月就滲透所有人的生活，從小學
生到上了年紀的企業主管無一例外。零接觸時代，面對嶄新

世界的開始，人們同時感到不安和新奇。

　　零接觸世界是之前沒出現過的全新世界嗎？我不這麼認為。早在疫情爆發之前，零接觸世界就已經和現實世界共存了。在疫情之前，我們也會將日常生活的紀錄上傳到社群媒體，然後透過按讚、留言來與彼此互動；網路大學的教授和學生在線上以零接觸的方式來授課及聽課；國際企業使用各種視訊會議的協作工具與海外夥伴一起工作。另外，韓國國內約有過半的人口都在線上遊戲中度過自己的休息時間。韓國遊戲市場的規模超過 120 億美元，而咖啡廳的市場規模則為 82 億美元左右，光看這點也能推測出有非常多人花時間逗留在線上遊戲的世界裡。

　　疫情前就存在的這種零接觸世界被稱為元宇宙（metaverse），也就是指存在於智慧型手機、電腦、網路等數位媒體的嶄新世界——數位化地球。人類憑藉數位技術打造出超越現實的各種世界，就是元宇宙。雖然元宇宙本來就在我們身邊，但在疫情爆發之前，比起元宇宙，人們還是花更多時間停留在現實世界裡。而大小不超過 100 奈米的新冠肺炎病毒，強迫全世界的人類搬遷至龐大的元宇宙中。

　　熟悉元宇宙世界的人，輕易就能適應零接觸的文化。然而，沒體驗過元宇宙的人，則覺得突如其來的零接觸文化很

不方便且令人畏懼。即使疫情結束，我們所經歷的零接觸文化、零接觸革命依然會將元宇宙的意義深植於我們心中。我確信元宇宙的威力將會逐漸滲入我們的日常生活、經濟、文化等各個社會層面。如今人們已經很難只停留在類比地球、物理地球上了。嶄新的元宇宙已經臨近，而且早有許多人深陷元宇宙的意義及魅力之中。當然，元宇宙無法完全取代現實世界、物理地球，而且我認為也不該那麼做。不過，往後物理地球和數位地球——元宇宙——將會同時存在於我們的生活。在這種狀況下，如果你依然堅持停留在現實世界、物理地球，你就無法在名為元宇宙的嶄新世界中立足，最終會遭到孤立，自己留在物理地球。尤其你如果是經營企業的主事者或是決策者，就更不能單獨留在物理地球。因為忽視元宇宙的領導者所帶領的組織和成員，將會錯過一切在名為元宇宙的新世界中所能享受的意義、樂趣和經濟利益。在 15 世紀，歐洲各國搭船去探索新大陸，並且在那裡培養他們的勢力。在 19 世紀，先看見機械化世界未來價值的美國和西歐各國的 GDP（Gross Domestic Product，國內生產毛額）大幅成長，壓倒性地超越了其他國家。21 世紀是元宇宙的時代。不論閱讀本書的你是誰，往後我們都得生活在元宇宙和現實世界共存的時代當中。

若拒絕元宇宙，
我們就會變成嗎啡成癮的老鼠

　　一定要知道元宇宙這個龐大的概念嗎？不是用視訊會議工具或通訊軟體來處理必要的事情就夠了嗎？在現實世界中與人交往已經很疲憊了，還非得跑到鏡像世界或虛擬世界等元宇宙中和他人交際嗎？如果你這麼想，我希望你能稍微將注意力放在以下的例子上。我會簡單說明加拿大西門菲莎大學（Simon Fraser University）布魯斯·K·亞歷山大（Bruce K. Alexander）教授做過的老鼠樂園實驗。

　　亞歷山大教授打造了一個適合老鼠居住的小樂園，並將老鼠分成兩組，讓其中一組集體居住，使牠們能與彼此往來，另一組則分散開來獨立居住。亞歷山大教授在老鼠常走的路線上放置了混有嗎啡（會引起幻覺的強效止痛劑）的糖水。接著觀察群居的老鼠和自己獨居的老鼠哪一邊會更頻繁地攝取含有嗎啡的糖水。結果非常明確：獨居的老鼠出現了更明顯的嗎啡成癮現象。集體居住的老鼠在該群體內與其他老鼠起衝突、彼此爭鬥，也互相來往、彼此交配。雖然在這樣的社交行為中樂趣和困難共存，但正常的社交行為最終能促使老鼠遠離嗎啡。

人也是一樣。我們要與彼此往來，才不會淪為嗎啡成癮的老鼠。然而這裡提到的往來、社交，並不一定要共享一個物理的空間。若覺得現實世界中的交際不足或缺乏效率，只要在元宇宙中發展更多元的社交關係即可。元宇宙並非為了擺脫現實世界而打造出來的世界，也不是為了逃避社交行為的一種手段。打造元宇宙，是為了讓人們更舒適地和更多人相處。我們必須在元宇宙中互相往來，一同創造出嶄新的價值。

在元宇宙旅行的探險家

我研究了各式各樣的學問。學生時代專攻機器人工學，並且自學遊戲入門開發。在還沒有網際網路的時代，我製作了一款原始型態的線上遊戲，開放多名玩家經由電話連線一同遊玩，從此開始提供商業服務。我向每人收取 10 韓元（約等於 0.0082 美元）的手續費，然後將部分收入分給電信公司，這就是該遊戲的商業模式。當時我 24 歲。後來我又在研究所取得工業工程碩士以及認知科學博士。基於對人心的好奇，我開始鑽研認知科學，卻在取得學位後留下更大的疑問。畫家保羅・高更（Paul Gauguin）在 1897 年完成了一幅名為

《我們從何處來？我們是誰？我們向何處去？（*D'où Venons Nous ? Que Sommes Nous ? Où Allons Nous ?*）》的作品。這幅畫作的標題是我博士課程中的重要課題，然而關於這些問題的答案，我卻連邊都沒沾上。不過，我目前的推測是，那答案並不在 20 萬年前的時間洪流之中，也不在數百萬光年遠的宇宙裡，而是在生活於同個時代的我們身上。

我研究人們會感受到什麼情感，會因此用什麼方法與彼此溝通，然後從溝通中獲得了什麼、失去了什麼，而那些成就和喪失又對我們的內心和行動造成了什麼影響。在這過程中，我涉獵過心理學、哲學、教育學、電腦工學、工業工學、遊戲化（gamification）等領域，這些帶我走入了某個世界，那就是元宇宙。雖然我們生活在同一個時代、同一個地球上，但根據各自的選擇，我們又同時生活在許多不同的元宇宙中。我期許當我不僅看著物理地球，另外還探索數位地球——各種元宇宙——時，能夠更靠近那個課題的答案。我的探險還會持續下去。雖然我不知道閱讀本書的各位為什麼選擇本書、現在在做什麼事情、往後有什麼樣的計畫，但此時此刻，元宇宙也正與各位連接在一起。各位和我，我們全部的人都要探索元宇宙才行。

元宇宙的嚮導

　　本書會將元宇宙分成四個面向介紹給大家。首先，在第一部會介紹元宇宙的登場背景、人類史上的意義、作為溝通工具的價值等。可以將這些內容看作啟程至元宇宙旅行前所需的準備。之後會按照順序到四個不同種類的元宇宙中旅行。擴增實境世界（第二部）、生活日誌化世界（第三部）、鏡像世界（第四部）、虛擬世界（第五部），會按照這個順序來說明。不需要完全按照這個順序旅行。可以先看一部分，如果看到頭暈，就暫時去探索其他元宇宙，之後再回來即可。不過，我希望你能完成這趟旅程。在第六部，我對多元產業中可代表韓國的企業提出了一些看法，建議他們該如何看待並活用元宇宙。就算各位所屬的組織沒有包含在第六部中，也可以看看產業領域或商業模式相似的企業，希望這會帶給你們幫助。元宇宙會變成烏托邦還是反烏托邦，目前還很難斷定。於是我在第七部提出了元宇宙必須解決的倫理、法律、經濟和心理等相關問題。元宇宙本身是個定義尚不明確的概念。因此，在元宇宙中該解決的問題以及解決的方法都還需要持續討論。為了一同參與討論，第七部中會丟出幾個相關話題。

期盼各位在閱讀本書的過程中，能以宏觀的規模勾勒想像的國度。希望各位能想像看看，我們的下一代會如何在嶄新的元宇宙中學習並成長；希望各位想像看看，企業經營和產業環境會如何在嶄新的元宇宙中轉換；希望各位想像看看，國家系統和全球協力體系會在嶄新的元宇宙中產生什麼樣的變化。期許各位都能像小說《德米安：徬徨少年時（*Demian: die geschichte von emil sinclairs jugend*）》中的辛克萊*一樣衝破蛋殼，飛向元宇宙。

2020 年 10 月 10 日 寫於寶貴的某日

金相均

---

*德國小說家赫曼・赫塞（Hermann Hesse）於 1919 年出版的小說。本段引用自小說中的名言：「這隻鳥奮力衝破蛋殼。世界則是這顆蛋。如果有誰想要出生，就得摧毀一個世界。」

PART 1

當人類遷徙至
數位地球

「人類害怕的對象只有一個，那就是投身於某件事情，亦即
跳入未知的世界，掙脫安全網，突然投入在某件事中。」

——赫曼·赫塞（Hermann Hesse）

1—1

嶄新的世界，數位地球：
逐漸移動到元宇宙的生活

　　人們在捷運上做什麼？所有人都顧著低頭滑手機。現實中自己的身體雖然坐在捷運車廂的椅子上，但精神和意志卻完全沉浸在手機的世界裡。人們在網咖裡做什麼？五個人並排坐著和地球另一端的數十人聯手，跟數十名其他地區的人開戰。唸小學時，總是等到假期結束的前夕才一鼓作氣寫完日記，但長大後卻每天都在社群媒體上寫日記。今天吃了什麼東西、讀了什麼書、和誰見過面、發生了什麼好事等，全都詳細地上傳到網路的世界。

　　雖然我們的身體待在物質世界──類比地球，但我們的生活正逐漸移動到數位世界──數位地球。在類比地球上也能和其他人溝通玩樂，為什麼非得到數位地球上生活呢？人類從很久以前開始就會探索新的世界、拓寬鄰近生活圈，一

直不斷地做些什麼。這是人類的基本需求。人沒辦法滿足自己所有的欲望。不管在類比地球上蓋了多少建築物、開發了多少新產品、去了多少個觀光景點、認識了多少人，人類的欲望還是無法被填滿。為了滿足無法用類比地球填滿的欲望，我們著手打造數位地球。

存在於智慧型手機、電腦、網路等數位媒介的嶄新世界——數位化的地球——被稱為元宇宙。元宇宙（metaverse）是合成語，由代表超越與虛擬的 meta 和代表世界及宇宙的 universe 組成，意指超越現實的虛擬世界。直到當下這一瞬間，元宇宙的型態仍在持續進化，所以很難用固定的單一概念來定義。將日常生活上傳至 Facebook、Instagram 和 KakaoStory；加入網路論壇的會員，在社群中活動；享受線上遊戲的樂趣——這些全都是在元宇宙中生活的方式。

技術研究團體 ASF（Acceleration Studies Foundation）將元宇宙分成四個種類：擴增實境（augmented reality）世界、生活日誌化（lifelogging）世界、鏡像世界（mirror worlds）以及虛擬世界（virtual worlds）。目前為止 ASF 的分類看起來最簡要合理，所以本書也會以這四個分類為基準來說明元宇宙的現在及未來。

你曾用智慧型手機的應用程式抓精靈寶可夢嗎？你曾用抬頭顯示器（HUD: Head Up Display）將導航地圖投影在汽車

擋風玻璃上嗎？又或者是使用手機相機掃描書上的 QR-Code 時，看到書頁上跑出會移動的動物嗎？如果有上述經驗，就代表你體驗了擴增實境的世界。

你曾將某天的美食照上傳到 Instagram 嗎？曾經拍下最近讀過的書籍封面上傳到 Facebook 嗎？曾把讀書或工作的模樣拍成 Vlog 上傳嗎？有沒有看過《人間劇場》或是《我獨自生活》*呢？如果有，那你就是享受了生活日誌化世界的樂趣。

加入過偶像歌手的官咖★嗎？用過視訊會議軟體上遠距課程或進行遠距會議嗎？曾在外送民族✚的應用程式點餐過嗎？或透過 Airbnb 預約住宿？如果你這麼做過，就等於是體驗了鏡像世界。玩過線上遊戲嗎？看過史蒂芬‧史匹柏（Steven Spielberg）製作的電影《一級玩家（*Ready Player One*）》嗎？這些就是所謂的虛擬世界。

如果以現實世界的價值來衡量元宇宙的價值，那會值多

＊《人間劇場》為 2000 年起在韓國 KBS 電視台播出的綜藝節目，主要內容為採訪各行各業的人或奇人異事。《我獨自生活》則為 2003 年起在韓國 MBC 電視台播放的實境節目，主要內容為真實呈現多名藝人獨自生活的模樣。

★韓國藝人官方網路粉絲後援會的簡稱。「咖」指的是 cafe，用來稱呼網路論壇。

✚韓國市占率最高的外送應用程式。

少呢？我想，或許能看看持有元宇宙的企業市值多少來判斷。我們當然很難斷定這樣能否精準反映元宇宙的價值，但市值無疑是個重要的指標。以 2020 年 8 月為基準，亞馬遜（Amazon）提供後端 Web 服務，支援各企業經營元宇宙，市值約為 1 兆 4000 億美元，排名世界第四。持有 YouTube——擁有無數 Vlog 影片的串流平台——的 Google 市值超過 9790 億美元，排名世界第五。生活日誌化的代表企業 Facebook，市值高達 6750 億美元，排名世界第六。另外，市值超過 6200 億美元、排名世界第八的騰訊，旗下占據 35％最大銷售額的項目就是線上遊戲和虛擬世界。全球市值排名前八的企業中，就有一半是與元宇宙相關的企業。而看起來與元宇宙、數位地球毫不相干的 Nike，則是從 2006 年開始培養自己獨有的元宇宙。其成果使 Nike 在最近五年內，相較於競爭對手，收益獲得大幅成長，市值上看 1600 億美元，規模約為競爭對手 adidas 的三倍。上述提到的亞馬遜、YouTube、Facebook、騰訊、Nike 等，將會在其他章節更詳細地介紹。

掌握元宇宙、數位地球的企業，成長趨勢正在超越以線下為基礎的製造、經銷產業。元宇宙已逐漸成為世界經濟的中心。這就是為什麼我們不能只將元宇宙的概念當作遙遠國度的議題，或是部分 Z 世代數位狂熱者的遊樂場。

1-2

數位行星改造：
在元宇宙裡，打造神人的遊樂場

外星環境地球化（terraforming）又名地球化、行星改造。意思是將宇宙中其他非地球的行星，改造成與人類居住的地球相似的環境。觀察元宇宙、數位地球的形成過程，會發現那和地球化的過程很類似。目前人們正在觸碰不到的空間——數位空間——裡，打造適合人生活的環境。以下將從人類學的觀點，大略地瀏覽這個過程。

現在的人類，也就是目前生活在 21 世紀的人，其最具代表性的稱呼就是「智人（Homo Sapiens）」，意指思考的人。雖然每個文獻多少都有些差異，但智人出現在地球上的時期大致推定為 7-20 萬年前。雖然出現在地球上的智人有很長一段時間都待在非洲大陸上，並未有太大的演化成長，但大約在 3 萬年前，他們於末次冰期開始拿石頭製作各種工具、大

量群居，因而有飛躍性的成長。智人飛躍性成長的基礎來自人類思考的能力。要怎麼做才能獵捕更多獵物？要怎麼做才能保護自己的群體免於外部威脅？在尋找答案的過程中，智人構思不存在事物的思考能力，以及使用語言傳遞思考結果的溝通能力，使他們成長為地球上最具影響力的物種。現代教育的基本框架正是在培養這種智人式的思考能力。要怎麼做才能想出新的事物？要怎麼做才能熟悉前人整理好的思維框架（理論、公式、法則等），然後套用在自己的想法中？

以 19 世紀初的工業革命為起點，出現了一個新的詞彙來稱呼人類。那就是製作工具來運用的人類——「工匠人（Homo Faber）」。若說智人專注於構想不存在的事物，並將思考結果傳達給同類，那麼工匠人就是專注在將構想的結果製作成肉眼可見的工具，然後再活用那些工具，更快速、廉價且大量地製做出各式各樣的貨品。19 世紀之前，非洲、南美、北美、歐洲各國的 GDP 成長率沒有太大的差異，然而在工業革命之後，美國以及西歐國家因工匠人的活躍而製作並使用多樣化的工業工具，促使 GDP 急遽成長，大幅領先其他洲的國家。電話、燈泡、飛機、半導體、網路、光纖等代表現代文明的東西，都是在這個過程中被製造出來的。若用 1 公尺長的圖表來呈現智人出現的 20 萬年前到現今人類

歷史的發展，我們現在所使用的大部分的工具和技術，等於都是在最後的 1 毫米內才畫出來的。

2018 年主計處發表了一個有趣的報告，研究主題為「人們最喜歡哪一項近代發明？」雖然可能會讓人有些意外，但根據調查結果顯示，第一名是冰箱。第二到五名依序是網路、電腦、洗衣機和電視。在這裡我要問大家一個問題：「位居第二、三、五名的東西如果合成一個，會變成什麼？」

網路＋電腦＋電視＝？

而且如果稍微以更廣義的角度來看待這個答案，它甚至能讓人放棄第一名的冰箱和第四名的洗衣機。應該已經有很多人猜到答案是什麼了。那就是現代人最喜愛的物品，一個絕對不會放在遠處的物品，而且還是在你外出時，除了名牌之外，身上最昂貴的東西——智慧型手機。一台螢幕約 5 吋大的手機，價格相當於容量 900 公升的冰箱和 50 吋大的電視機，而且最近還變得越來越貴。該研究以各個年齡層的人為對象，要求他們在紙上寫下當時自己身上攜帶的所有物品。包含衣服、鞋子，以及包包裡的皮夾、書籍、化妝品和智慧型手機等全都要寫下來。然後再讓他們從寫下的目錄

中，一一地挑出不需要的物品，除了內衣之外，每個人最後剩下的物品幾乎都是智慧型手機。在 21 世紀初發明的智慧型手機，如今已不再是單純的電器，而是逐漸成為現代人身體的一部分。認知自己的身體屬於自己，而且能由自己來控制，這種感受被稱為「身體覺知」。智慧型手機已經被納入現代人身體覺知的範圍中了。

不過，現代人都用這個既昂貴又猶如自己部分身體的智慧型手機來做些什麼呢？以下會稍微介紹位居智慧型手機世界中心的企業——蘋果（Apple）。以 2020 年 9 月為基準，蘋果的市值超過 1 兆 9 千億美元，在全世界眾多企業中位居第一名。蘋果 App Store 每年的銷售額都上看天文數字。以 2019 年為例，該年銷售額約達 470 億美元，利潤約有 14 億美元。那麼人們在蘋果 App Store 主要都下載什麼樣的應用程式呢？各別確認韓國、美國、歐洲等市場的統計結果會發現，不論是哪個國家還是地區，都沒有太大的差異。在下載數前 1 到 20 名的應用程式中，遊戲占了 70％，其餘的 30％主要是社群媒體和影音串流應用程式。當然，下載數的排名和 App Store 的銷售額並不成正比，因為有很多附加程式都要在應用程式內購買。不過可以確定的是，世人主要都把智慧型手機用來玩遊戲和社群媒體，以及在影音串流平台上收看

影片。不覺得有點奇怪嗎？那麼昂貴的智慧型手機，為什麼主要都用在遊戲、社群媒體和影音串流平台上呢？這類活動對人類而言具有什麼樣的意義？

為了了解這點，接下來要說明稱呼現代人類的第三個關鍵字「遊戲人（Homo Ludens）」。遊戲人是荷蘭的史學家惠欽格（Johan Huizinga）為了稱呼現代人而發明的詞彙。這意味著人類的歷史以及一切活動和互動的基礎，都是建立在遊戲和樂趣之上。在沒有現在這種智慧型手機、電腦和遊戲機的時期，甚至是原始人時期，人類除了狩獵和生計之外，就已經在享受遊戲的樂趣了。原始時代的洞窟壁畫上，畫有人們跳舞或披著獸皮玩耍的模樣。人類為了充分享受遊戲的樂趣，也為了避免在遊戲過程中發生爭執，還制定了遊戲規則。因為他們體會到玩遊戲要遵守規則，才不會有人吃虧，大家也才都能玩得盡興。為了玩樂而制定規則、享受遊戲的行為，演變成在群體中制定所需規則和法律的基礎。為了玩樂而制定、遵守規則的行為，則成為了一種文化。自此人們開始遵守共同的約定，例如：狩獵時該遵守什麼規則，而獵捕到的肉類和採集到的東西又該遵行什麼樣的規則來分享。另外，何時何地該由誰來做什麼，要用什麼方法來玩耍，每個群體都不盡相同，隨著時間流逝，這類差異成了各個群體形成不

同文化的背景。總之，人類天生就喜歡玩樂，而且為了玩得更盡興還制定了規則，於是這些規則就成為群體擬定規範和法律、形成文化的基礎。

　　元宇宙形成的過程中也出現了與此相似的脈絡。在擴增實境世界、生活日誌化世界、鏡像世界和虛擬世界這四個元宇宙中，最先登場且在種類及規模方面成長速度最快的元宇宙，就是虛擬世界。其中線上遊戲為虛擬世界元宇宙的開端，同時也是最具代表性的內容。喜歡遊戲的人類，也就是遊戲人，開始用人類最愛的工具——電腦、網路、智慧型手機——玩線上遊戲，而線上遊戲的文化促使涵蓋虛擬世界的元宇宙向外擴張。

　　人類持續創造包含虛擬世界在內的多樣化的元宇宙，藉此進化為另一種存在。遊戲人在自己所創造的元宇宙中，逐漸成為神人（Homo Deus）。「神人」是耶路撒冷希伯來大學（The Hebrew University of Jerusalem）的歷史系教授哈拉瑞（Yuval Noah Harari）於 2015 年發表的著作中提出的概念，這裡的「Deus」意思是「神（god）」，所以神人指得就是想成為神的人類。21 世紀在歷史上是非常特別的時期。死於暴飲暴食和過胖的人口比死於飢餓的人口還多，死於老化的人口比死於傳染病的人口還多。在智人 20 萬年以來的歷史中，從未

有過這種時期。像這樣滿足基本需求、守住人身安全的人類，期盼追求更高的價值，那就是永恆的幸福和永恆的生活。從宗教的觀點來看，這是屬於神的領域。人是否能在類比地球上享受永恆的幸福和生活，而如果真的能實現，那又會是何時，關於這點我也不知道。然而，人已經在元宇宙中一點一滴地打造那樣的夢想。人們按照自己預設的世界觀、生命體、資源和環境條件等來經營元宇宙，然後在那裡面和其他人類以及人類所創造的人工智慧角色一起生活。這可說是在元宇宙中打造了神人的遊樂場。

1-3

X、Y、Z 世代：
你與誰共享同個元宇宙？

　　用過 BB.Call 和隨身聽、個人特色很強的 X 世代；Instagram 和 YOLO（You Only Live Once，你只活一次）成為代表價值觀的千禧年 Y 世代；從會說話起就總是在找 Wi-Fi、智慧型手機從不離手的數位 Z 世代。他們全都是智人，同時也是工匠人、遊戲人、神人，而且還一起居住在同一個類比地球上。然而，若觀察他們在數位地球、元宇宙中的狀況，就會發現他們的生活和彼此有很大的不同。

　　韓國有多少人在使用社群媒體服務？根據韓國情報通信政策研究院在 2019 年發表的報告內容顯示，全韓國大約有一半的人口使用一個以上的社群媒體，而且比例仍在持續增加當中。20 世代的社群媒體使用率為 82.3%，占比最高，其次為 30 世代（73.3%）、40 世代（55.9%）、10 世代（53.8%）。

另外，不同年齡層使用的社群媒體種類有很大的差異。10-30 幾歲比其他年齡層更常使用 Instagram，而年齡越大，KakaoStory＊和 Naver BAND★的使用率就越高。Facebook 的使用率則與年齡成反比，年齡越大越不常使用 Facebook。雖然在第三部分會再仔細介紹，但簡單來說，社群媒體就是最具代表性的生活日誌化元宇宙。不僅是生活日誌化的元宇宙，在擴增實境的世界、鏡像世界、虛擬世界等元宇宙中，X、Y、Z 世代的使用率也各有不同，主要停留的元宇宙種類更是互不相同。活在同個時代的我們，有的人只生活在類比地球上，而有的人則同時生活在數位地球上。另外，不同世代主要停留的數位地球又都有些不同。

我們在住家、職場、街頭和餐廳等場所，都會遇到相近世代或是不同世代的人，雖然我們模模糊糊地誤以為所有人都生活在同一個空間、同一個地球上，但實際上我們共享的只有類比地球的物理空間和時間。在你的家人、朋友和同事

＊ Kakao 於 2012 年推出的社群媒體，初期類似 tumblr 和 Instagram 以圖片貼文為主，但近年新增的功能越來越多。

★ Naver 於 2012 年推出的社群媒體，主要功能為建立社團，與親友共享資訊。初期社團會員數不多，但最近社團人數上限開放至上千名，甚至還有社團人數是沒有上限的。

中，有多少人和你生活在同一個元宇宙裡？「我的小孩一看到我就躲開。我不曉得我的另一半都在想些什麼。最近的學生好像從外星來的孩子。這幾年的新進職員彷彿只有身體待在公司。」你如果曾經有過這些念頭，請你試著深入思考看看，你和他們之間是否有共享的元宇宙。

1-4

多元的溝通方式：
在元宇宙裡重新學習說話

　　根據 JOB KOREA＊於 2019 年的調查顯示，韓國有一半以上的成人使用電話通話時會感到害怕。這種現象稱為「電話恐懼症（telephone phobia）」。所謂的恐懼症是指，實際處境並不危險，卻仍感受到過度的恐懼。因此，非常懼怕與某人即時通話的那種情緒，就被稱為電話恐懼症。雖然你可能會覺得「只有年輕人才會那樣」，實際上卻不是如此。調查結果顯示，在大學生和職場人士中，罹患電話恐懼症的比例並沒有太大的差異。只要把電話貼在耳邊聆聽並說話即可，究竟有什麼好害怕的呢？表面上看來是因為害怕某樣事物才

＊韓國最具代表性的就業徵才網站，前身為創立於 1998 年的 Caltech 網站，2000 年改名為 JOB KOREA。

產生電話恐懼症，但若深入挖掘，就會發現其中包含恐懼及偏好兩種要素。首先，恐懼是來自於過去在聽了之後馬上回覆的狀況中發生失誤的經驗，或是擔心會失誤的情緒。可能是不小心講錯話，或是在要及時回應的狀況下沒能拒絕該拒絕的事情，又或是無法有條理地傳達自己的想法等等。相反地，也有人是擔心聽不懂對方說什麼而在通話中發生問題。不過，通常問題都不是出在聽不懂的人身上，而是出在無法有條理地表達想法的人身上。

若從使用偏好的角度來切入，人們大多覺得通話之外的其他溝通方法——簡訊、通訊軟體（社群媒體）、表情符號（社群媒體）、投票（KakaoTalk 的投票功能）、選單（點餐應用程式的菜單選項）、狀態消息（通訊軟體的個人檔案）、網聊（線上遊戲）等——比通電話更有效率。以打電話跟餐廳叫外送的狀況為例，通常會先打招呼，然後報地址，接著選餐點，決定結帳方式，最後再次確認上述內容是否正確。在這過程中，又加上先前提到的「無法有條理地敘述自己的想法、無法理解對方說的話」等種種擔憂，使人們更不願意和人通話。

嬰兒潮世代的人偏好使用電話通話。如果他們認為：「雙方距離遙遠時，當然還是通話最方便啊！」並因此對其他元宇宙的溝通方式毫不關心，那麼即使大家生活在同個時區，

也很難和彼此有良好的溝通，因為彼此都生活在不同的元宇宙裡。

　　我曾經以「在元宇宙裡使用各種工具進行零接觸溝通」為主題，進行了四個小時的研討會，而且將會議內容的重點放在實際的推動和執行上。參與該次研討會的人員當中，有位我很尊敬的人，那就是 Daumsoft ＊的宋吉永（송길영）副總經理。宋副總參加完研討會後，在某日報上留下了他的感想。我感覺宋副總會持續和許多人在各式各樣的元宇宙中進行深入的溝通。其內容如下：

　　「結束了長達半天的研討會，我覺得好像初次學習怎麼說話一樣。小時候在和父母互動的過程中，一點一滴學會說話的記憶已經模糊到幾乎想不起來了。我養育孩子時才重新了解到，與他人對視、觀察對方的表情，如此結結巴巴地一個一個跟著念而學起來的語言，已經成了必備的能力，我藉此傳達自己的意思，並為了與他人一起生活而互相交換情報。如今社會的型態已經改變，即使沒有實際見到面，也能一起工作、一起玩樂，所以我覺得必須重新學習說話的方式。」

_____

＊韓國最具代表性的大數據分析公司，於 2020 年改名為 VAIVcompany。

在元宇宙中的溝通方式大致可以從四個層面來探討。第一，「是由誰來講，由誰來聽？」又可分成四個種類。

1:N 的溝通（一對多溝通） 是由一個人說話，其餘的人聆聽的方式。也就是像一個人在台上演說，而其他人在台下聆聽的那種狀況。

N 的溝通（多人溝通） 是參與溝通的所有人都提出自己的意見，並且將那內容公開給全體知道，或是透過特定的形式加工、摘要、整理後再公開。群組聊天室的投票功能、記事本等就屬於這一類。若有朋友在你發表於社群媒體的貼文下留言，那就是朋友以 N 的溝通的方式來回應你 1:N 的溝通結果。

n 的溝通（分組溝通） 是全體分成好幾個小組，由組內成員進行溝通的方式。試想在公司開會的狀況，或在聚餐場合自然而然分組對話的狀況等即可理解。

1:1 的溝通（一對一溝通） 正如字面上看到的，是指單獨兩個人對話的方式。雖然有可能是單獨兩人進行一次性的溝通，但若總共有 6 個人，而每個人都分別與他人進行一對一的溝通，那麼總共就會有 15 次（6X5/2）1:1 的溝通。

第二，「溝通時是否帶著面具？」這點很重要。關鍵在於是用假名還是用本名來和他人溝通。在類比地球，我們的溝通大部分還是建立在實名之上。就連在路上跟陌生人問路，都不能算是完全匿名的狀況。因為我們看得見對方的臉，聽得見對方的聲音。然而，在數位地球——元宇宙——中，匿名溝通的比例非常高。看居住在同個地區或擁有同個興趣的人參與線上社群的狀況時會發現，大多都是匿名參加。而在遊戲等虛擬世界中，鮮少會有人使用自己的本名。愛爾蘭出身的劇作家奧斯卡·王爾德（Oscar Wilde）留下了一句名言：「給他一個面具，他就會告訴你真相。」這句話充分展現了匿名溝通在元宇宙裡具有的意義。當然，匿名溝通也引發了許多反效果和問題。關於這部分會在其他章節再次說明。

第三，「是即時的還是非即時的？」類比地球的溝通基本上都是以即時傳遞為中心。如同上述所說的，人們之所以出現電話恐懼症的症狀，主要是因為通話具有即時性的特色。在元宇宙裡，即時溝通的比例與類比地球相比降低了許多。人們希望通訊軟體絕對不要有的功能是什麼？另外，人們又認為哪個功能是一定要有的？在以大學生為對象來進行的一項調查中，許多人表示：「希望通訊軟體不要顯示最終發送訊息的時間。希望不要有『對方正在輸入⋯⋯』的提示

功能。不過，一定要有顯示訊息未讀的功能。」這些要求代表人們在即時溝通中深感疲憊。

第四，「使用什麼來傳遞訊息？」除了上述說明電話恐懼症時提到的即時通話之外，訊息、通訊軟體、表情符號、投票、選單、狀態訊息、網聊等溝通方法都與這個問題有關。社群媒體所提供的喜歡、討厭、傷心、加油等表情符號的按鈕，正以符號的形式代替我們與他人溝通。在沒有文字的原始人時代，人類使用簡單的圖畫表達自己的想法，而語言不通的人們之間，則會用比手畫腳的方式來和彼此溝通。在有文字的時代、在語言相通的人們之間，使用符號與他人溝通可能有些奇怪。然而，覺得輸入祝福和加油的話語有點麻煩的時候，只要按一下按鈕就能輕鬆地傳遞訊息，而收到訊息的人也可以從更多人那裡得到祝福及鼓勵。在元宇宙裡，人們正使用各式各樣的溝通方式來提升溝通的質與量。

登陸數位地球的四張門票：
一起到元宇宙旅行吧！

　　讀到這裡你有什麼感想呢？現在你已經做好登陸數位地球——元宇宙——的基本準備了。

　　我總共會給你四張門票。第一張門票會帶你前往在現實背景中疊加幻想效果、提高便利性的擴增實境世界。第二張門票會帶你前往藉由在數位空間記錄並分享你的面貌和生活，而逐漸擴大的生活日誌化世界。第三張門票會帶你前往在數位空間複製現實世界，進而開發出許多嶄新商業模式的鏡像世界。最後一張門票要帶你前往的虛擬世界，和上述三個元宇宙比較起來，似乎與現實脫節最多，但它在未來的規模卻可能是最龐大的。

　　希望你盡情享受四個數位地球的旅行。雖然，可能會稍微有點頭暈，但那只是初次接觸陌生事物時會發生的類似悸

動的自然現象，所以無須害怕，希望你能完成這趟元宇宙的
旅程。

PART 2

擴增實境世界：
在現實中套上
幻想效果及便利性

現實世界＋幻想＋便利
＝擴增實境

　　擴增實境的概念是在 1990 年代後期初次登場的。在現實世界的景象之上堆疊虛擬物件，就是擴增實境的起點。幾年前席捲韓國的《寶可夢 GO》就是最具代表性的例子。這款遊戲的玩法很簡單——在經過某條路、走進特定的商店時，精靈寶可夢就會以現實世界為背景，出現在智慧型手機的遊戲應用程式上，而搜集那些精靈寶可夢，就是這個遊戲的目的。初次接觸在現實世界套上虛擬物件的景象時，大部分的人最強烈地感受到的情緒就是「神奇」。使用智慧型手機觀看時，原本肉眼看不見的圖像，竟然重疊出現在實際的背景上，這猶如施了魔法般的景象不禁讓人驚訝不已。舉例來說，朋友送的生日卡片上印有某種圖樣，而使用智慧型手機的擴增實境應用程式掃描該辨識圖樣後，卡片上就會出現

一個立體動畫角色向你傳達生日祝賀。

　　以下會更仔細地說明擴增實境世界的概念。第一，如上述所說的，在智慧型手機和電腦中顯示的現實背景裡疊上虛擬物件，並與該物件進行互動。本章會提到的戲劇《阿爾罕布拉宮的回憶》和 Niantic 的地球占地遊戲，就是屬於這類的應用。第二，在現實的物理空間中擺放某個機器或裝置，然後再透過該物品將虛擬的奇幻物件呈現在現實空間中。可口可樂製作的下雪的新加坡的廣告*就是屬於這類的應用。第三，以現實世界為背景，擬定新的世界觀、故事及互動規則，然後由參與活動的人共同遵守並互動的玩樂方式。藝術系列酒店的「偷走班克斯」活動（鼓勵旅客行竊而聲名大噪的酒店）、在戶外進行的密室逃脫等，就是屬於這類的應用。這裡提到的《阿爾罕布拉宮的回憶》、Niantic、可口可樂、藝術系列酒店、密室逃脫等內容，皆會在後面的篇章仔細說明。

　　體驗擴增實境時，會有種所住的地球位於以現實空間為背景的另一個平行宇宙裡的感覺。擴增實境大致上帶給我們

*可口可樂公司於 2014 年 12 月播出的廣告〈Share A White Christmas〉。

兩種體驗。第一個是幻想效果。在路上走著走著，捕獲了動漫中的精靈寶可夢；在現實中不存在的動畫角色，以立體的樣式出現在現實中的生日卡片上；在自己常常經過的熟悉社區巷弄中，打開了支配空間的能量塔；跳入偷竊美術作品的小偷世界等，這都是在現實生活中增添幻想效果的應用。聽說人類透過玩樂體驗到的感覺大約有 20 種：誘惑、挑戰、競爭、完成、控制、發現、性欲、探險、表現自我、奇幻、同伴意識、養育、休息、施虐、感覺、模擬、顛覆、苦難、同情和顫慄。在元宇宙裡，我們會平均地體驗到這 20 種感覺。不過，就擴增實境元宇宙來說，因為是將虛擬的物件、實際物件或是虛構（fiction）的世界觀及故事設定套用在現實中加以呈現，所以奇幻是最具代表性的感覺。若你對元宇宙的設計、製作和經營有興趣，希望你能記住這裡提到的 20 種感覺。因為在你的元宇宙裡，主要想讓人們體驗到什麼樣的感覺，而實際上人們在元宇宙裡感受到的又是什麼，觀察這些對你來說將會非常重要。第二個是便利性。在汽車擋風玻璃上顯示導航圖樣的 HUD（head-up display，抬頭顯示器）；各種綜藝節目中必定會出現的字幕、音效、表情符號等，能幫助我們在接受新資訊的狀況下，不需花太多心思，也不需太費力思考，就能輕鬆地接收到許多資訊。雖然在現實生活

中，遭遇令人震驚的事情時，並不會聽見打雷的聲音或是出現骷髏頭的圖樣，但在綜藝節目裡，可以將這種視聽效果套用在現實狀況中，增加我們的感受度。

　　我預計接下來將討論以下內容：人類為何會沉浸於擴增實境？擴增實境正打造出什麼樣的元宇宙？人類在這個元宇宙裡做什麼、感受到什麼樣的情緒？

只採用 0.005% 的資訊：
用擴增實境喚醒懶惰的腦

　　我們的腦不停息地在執行沉重的任務，它會處理並儲存我們所認知的資訊，然後做出某項決定，驅使身體行動。即使我的體重有 66 公斤，終究還是得倚靠頭蓋骨內重 1.5 公斤的肉塊——腦——來運作。人類的腦每秒大概會透過五感接受 1000 萬位元的訊息。你可能會覺得數字大得很奇怪，但其實光是透過皮膚接受到的信號，每秒就超過 100 萬位元。如果覺得位元這個單位很陌生，請試著換算成字數來理解看看。1000 萬位元的信號如果換算成字數，大約超過 100 萬字，份量非常驚人。然而，不曉得是幸還是不幸，我們的腦無法處理所有的資訊，大部分都會丟棄。我們能處理的資訊量每秒不超過 50 位元。腦只採用 0.005% 的資訊，其餘的全都果敢地拋棄。乍看之下雖然很懶惰，但為了不停息地處理大量

的資訊，這是不得已的選擇。

　　為了喚醒懶惰的腦，擴增實境誕生了。無論如何，大部分的資訊都會被丟棄，因此為了減少那樣的狀況，擴增實境將資訊加以整理並摘要後，用顯眼的方式呈現出來。這類的擴增實境裝置在有效率地傳達資訊的同時，也幫助我們對特定的狀況產生強烈的真實感。

　　真實感是指實際感受到某個東西的存在或是感受到某件事情發生的感覺。假設你正在和戀人擬定夏季休假的行程。你想去海邊，但戀人卻說要去山上。你要戀人閉上眼睛想像看看，如果去海邊，就能聽到海浪聲，還能吹到涼爽的海風，豈不是很好？戀人的反應很冷淡嗎？那麼你可以嘗試以下的方法，看看會有什麼樣的結果。你要戀人閉上眼睛，然後用智慧型手機的應用程式播放海浪聲給他聽。接著再打開扇子，製造徐徐吹拂的風。最後準備一把沙子，放在戀人的手上，要他摸摸看。首先，你的戀人勢必會相當感動。而且會比你用說的幫助他想像海邊景色時更有真實感。當然，這種視覺、聽覺、觸覺的要素並不總是能幫忙改善真實感受的體驗。

2-3

退化的智人：
無字幕影片的沒落

　　腦科學相關的報導和投稿文章常常會附加某張半透明的立體大腦圖片。舉例來說，在標題為「打電動的孩子，大腦真的沒事嗎？」的報導中，附加小孩子打電動的照片和大腦的圖片。在這種報導中附加的大腦圖片，不會說明哪個部位是額葉，哪個部位是島葉，只有一張核桃模樣的大腦圖片。

　　為什麼要附上那樣的圖片呢？是為了提高讀者對報導的信賴度。根據實際研究結果指出，比較有附加圖片和沒附加圖片的報導時，哪怕只是一張簡略的大腦圖片，讀者也會更信賴有附圖的報導內容。另外還有一個效果，那就是比起內文，人會更先辨識到圖片，然後帶著「原來這篇文章和大腦有關啊！那應該很重要囉！」的想法繼續閱讀。也就是說，圖片會讓人更信賴文章內容，同時也會引導人注意內文中的

特定重點。

　　如今在各種線上內容中，字幕和表情符號等已經成為必備的要素。甚至有人指出，個人製作的影片和專業工作室或製作公司所製作的影片這兩者主要的差異之一，就是活用字幕和表情符號的程度。現在沒有字幕的影片已經沒落了。不過，這種字幕和表情符號真的只有優點嗎？上一篇提到用更生動的方式幫助戀人感受海邊風景的案例，難道只有優點嗎？這類的擴增要素，使我們不需花費太多注意力也能接觸到恰當的資訊，而且我們對內容的理解和情感輕易就會被引導至內容製作者期盼的方向。於是，當我們接觸到資訊或內容時，比起自己的認知和判斷，更是會盲目地傾向內容提供者的企劃意圖。在某個地區和空間中套用新的故事和互動規則時，也會產生類似的效果。這有可能使人忽略那個地區和空間本來的背景以及居住在那裡的居民，光是沉浸在元宇宙創作者呈現出來的故事和互動規則中，因而忘記在那個地區和空間中本來能感受到的情感。例如：採用擴增實境元宇宙的技術，以圖書館為背景上演殺人案的推理遊戲，或是揭穿外星生命體的祕密等，很容易就會導致玩家忽略該圖書館原本擁有的特色。

　　這正是我們需要注意的部分──不需太花心思就會接收

到資訊、根據內容提供者的企劃理解某個地區和空間，這一不小心就會導致人類天生具備的想像力開始退化。在第一部分中有提到，人類的主要特性始於智人，然後逐漸朝工匠人、遊戲人和神人邁進。若以錯誤的方式實現擴增實境元宇宙，可能會出現由內容提供者來操縱一切的世界。他們會控制元宇宙中只有智人才具備的想像力，命令說：「你不要自己想像。我不喜歡你想錯，哪怕只有一點點，我都不希望你理解的內容和我要傳達的意圖不同。你腦中要畫出的圖像，你要想像的聲音和情感，我全都會告訴你，你只要照樣接受就好。」創作這種元宇宙的神人真的相當冷酷無情，不是嗎？

2-4

玄彬&朴信惠的元宇宙：
阿爾罕布拉宮的回憶

本章提及的YouTube影片《視覺系統》

　　《阿爾罕布拉宮的回憶》是 tvN 電視台在 2018 年播出的電視劇，總共有 16 集。這是第一部以擴增實境為背景來製作的電視劇，所以在播出之前就備受關注。傑萬控股公司的代表劉鎮宇（玄彬飾）到西班牙格拉納達（Granada）出差，住進了鄭熙珠（朴信惠飾）所經營的博尼塔旅舍，在過程中兩人捲入奇妙事件而展開了故事。

　　傑萬開發出配戴在眼睛上的擴增實境隱形眼鏡，並以該隱形眼鏡為基礎，發表了名為《聶斯特》的擴增實境遊戲。在劇中的角色各自配戴隱形眼鏡後，會和疊加在現實世界的敵人戰鬥，而且真實感接近百分之百。若說在《阿爾罕布拉宮的回憶》裡的《聶斯特》真實感有到 100 分，那麼上述提

到的《寶可夢GO》的真實感大概連10分都不到。

　　當然，在劇中出現的傑萬擴增實境隱形眼鏡，實際上在真實世界中，幾乎不可能研發出來。世界性的研究機構顧能（Gartner），每年都會發表未來技術趨勢的技術成熟度曲線（Hype Cycle）。雖然根據最近發表的技術成熟度曲線來看，擴增實境的技術在往後5-10年預計都會處於穩定期，但要做到像劇中那樣，讓眼睛看到沒有誤差地完美貼合（mapping）在三維空間的影像，是非常困難的。技術成熟度曲線所預想的5-10年後擴增實境的穩定期所能研發出來的技術，實際的機能和性能都比傑萬隱形眼鏡的水準要落後非常多。另外，在劇中登場的人物配戴擴增實境的隱形眼鏡，拿著虛擬的刀劍打鬥時，每當刀劍相碰之際，登場人物的身體都會跟著一起晃動。那並非實際存在的刀，只是透過隱形眼鏡看見的虛擬物件，基本上不可能像那樣產生物理的反作用力。

　　我看著劇中傑萬的隱形眼鏡，想起某支在2012年8月上傳至YouTube的影片，也就是以色列比撒列藝術與設計學院（Bezaleal Academy of Arts）的學生所製作的畢業作品。在命名為《視覺系統（Sight Systems）》的影片中，以非常有趣的方式來預測擴增實境隱形眼鏡普及化後，會如何改變我們未來的生活。我強烈建議還沒看過這支影片的讀者，一定要上

YouTube 找來看。

在《視覺系統》中，主角在配戴擴增實境隱形眼鏡的狀況下進行超人的運動。他將腹部貼於地面，然後微微舉起雙手和雙腳朝向四方。這運動能有效強化核心肌群，但實際做起來卻是非常疲憊且無趣的運動。不過在配戴隱形眼鏡的主角眼中，看見的卻是自己像超人一樣在天空飛翔的模樣。比起肚子貼著地面、動來動去的自己，在空中飛翔的自己有魅力多了，不是嗎？另外，在料理的場景中，主角使用的砧板和菜刀上方還出現了引導圖示，告訴他應該切斷食材的哪個部分、應該把食材放在平底鍋的哪個位置。這也是將引導圖示貼合在砧板、菜刀和平底鍋上方，使之以立體的模樣呈現。如果按照引導圖示的教學成功地做成料理，系統還會贈送積分並給予鼓勵。影片的最後有我們需要多加關注的內容。主角和異性見面後，開心地在餐廳裡約會。為了提升異性對自己的好感度，他一一完成擴增實境隱形眼鏡提供的各種任務，並參考隱形眼鏡提供的資訊來引導對話內容。在運動和料理方面雖然表現得不錯，但就連與人的交際都要倚靠擴增實境隱形眼鏡，這究竟會不會產生問題，就由各位親自上 YouTube 收看影片後再思考看看。

重新拉回來討論《阿爾罕布拉宮的回憶》。我在收看電

視劇的過程中，覺得很棒的一點是，劇中以非常美麗且沉浸度極高的視覺效果呈現出擴增實境元宇宙的未來樣貌。不過也有許多覺得可惜的部分。在劇中的擴增實境元宇宙——《聶斯特》——裡登場的人物，從頭到尾都只是一直戰鬥。主角沒有特別的理由就和朝鮮時代的武士、恐怖份子以及逃兵等戰鬥，而且在過程中也只得到積分和武器。像《聶斯特》這種未來型擴增實境元宇宙，在劇中呈現出來的內容卻完全沒有目的、成員間的關係和可能性，只是一直在戰鬥，這點真的很可惜。居住在元宇宙裡的人物為什麼變成戰士，他們是為了什麼而戰，又正朝向哪裡前進，這些都不得而知。元宇宙是另一個世界。然而，《阿爾罕布拉宮的回憶》的擴增實境元宇宙《聶斯特》卻只有登場人物、武器和戰鬥。雖然出現了槍和刀，但在元宇宙《聶斯特》中的登場人物卻和為了生存而進行物理戰鬥的原始人沒什麼兩樣。在那裡，根本不具備倫理、秩序、法律、文化和社會體系等要素。

　　《阿爾罕布拉宮的回憶》中的傑萬擴增實境隱形眼鏡，以及活用該隱形眼鏡的遊戲內容《聶斯特》，在現實中都是不存在的。YouTube 上的《視覺系統》目前也尚未出現。關於實際存在的神奇擴增實境元宇宙，我會在下一篇〈21 世紀的《鳳伊金先達》：Niantic 地球占地遊戲〉的篇章中說明。

21 世紀的《鳳伊金先達》*：
Niantic 地球占地遊戲

Niantic 是一家位於美國加州舊金山的 IT 企業。原本是 Google 內部的創業公司，後來在 2015 年脫離 Google 後成為獨立的公司。前面提到的《寶可夢 GO》就是 Niantic 的代表作。除了寶可夢 GO 之外，Niantic 還經營另一款擴增實境遊戲《虛擬入口（Ingress）》。

在《虛擬入口》元宇宙內，玩家分成啟蒙軍和反抗軍兩派來進行搶奪地盤的戰爭。玩家在《虛擬入口》中擔任探員（agent），可加入隊伍互相競爭，也能獨自隨意行動。《虛擬入口》以智慧型手機的 GPS（Global Positioning System，全球

---

*於 2016 年上映的韓國喜劇電影，講述騙子金先達聯手朝鮮君王行騙，向他人販售大同江的故事。

定位系統）定位為基礎，與玩家所在區域的 Google 地圖產生連動。如果玩家手持智慧型手機在自家社區四處走動，就會出現名為能量塔（Portal）的地標。玩家只要在能量塔上設置特定裝備，就可以將該能量塔占為己有。如果占領三個在地圖上的能量塔，就會連成一塊三角形的土地，而那塊土地將會歸玩家所有。《虛擬入口》基本上是根據爭奪土地的競爭規則來經營的元宇宙。再次申明，這種遊戲並非坐在電腦前進行的，而是得實際走過住家附近的社區，透過智慧型手機的《虛擬入口》應用程式來看地圖，當真實空間中出現能量塔時，就將那個能量塔占為己有。這就像是以全地球為對象，玩小時候在運動場上和朋友玩過的跳房子遊戲。

由於《虛擬入口》是款在實際移動的過程中執行任務的遊戲，所以很看重 GPS 的資訊。探員一旦被發現自行偽造 GPS 資訊，違規占領土地，就會遭《虛擬入口》永久驅逐出境。永久驅逐出境是很可怕的懲罰，因為這等於永遠都無法再回到自己曾經生活過，而且也想繼續居住的元宇宙中。

雖然韓國國內也有《虛擬入口》的玩家，但與海外的玩家人數相比，規模算是相當小的。除此之外，《虛擬入口》是以 Google 地圖的資訊為基礎來運作的，但在韓國尚有許多地區不適用 Google 地圖，所以抵達特定場所時，不僅沒辦法

清楚看見地形，甚至還會一直出現黑屏。

在《虛擬入口》中，人們會在穿梭於物理空間的同時，根據遊戲規則來占領並搶奪土地。像這樣活用真實物理空間的情況，有兩個部分需要考慮：第一，探員之間發生了實際上的物理接觸。舉例來說，你家附近的披薩店出現了能量塔，而你占領了那個能量塔，但沒過多久後，某個人拿著智慧型手機在披薩店前面晃來晃去，結果畫面就顯示能量塔的主人更換了。於是你當下就會想：「原來那個人也在玩《虛擬入口》啊！那個人就是搶奪我的能量塔的探員！」實際上在國外，真的有探員因此發生物理上的衝突。雖然在擴增實境元宇宙裡遊戲時，通常不會表露自己的真實身份，但需要在現實空間中走動的狀況下，很容易發生無法徹底保障玩家隱私的問題。另外，曾有人為了移動到遠處占地而在過程中搭乘異性探員的順風車，結果卻被對方毛手毛腳。雖然元宇宙和現實世界是分離的，但以現實為基礎、在現實上擴增的元宇宙，卻會在無意間與現實世界發生衝突。

第二，發生與所有權相關的問題。雖然這是很理所當然的事，但出現在《虛擬入口》地圖上的土地，其實在現實世界中通常是由其他人擁有的私有地，或是歸屬於國家的國有地。然而，《虛擬入口》並沒有取得地主的同意，逕自將該

土地用來構築元宇宙。各位覺得該如何看待這種狀況呢？我們先來談談另一個話題。在 1967 年發表的聯合國《外太空條約（Outer Space Treaty）》中有項規定提到：「任何政府和機關都不得占有宇宙。」不過，美國人丹尼斯‧霍普（Dennis Hope）卻從 1980 年起開始主張自己擁有月球、火星等星球的主權，他正是利用了聯合國條約中的漏洞。雖然條約明文禁止國家和機關宣示太空天體的土地所有權，卻沒有禁止個人宣示主權。霍普於 1980 年 11 月在舊金山法院提出訴訟，要求政府認可自己擁有月球的主權。許多人都嘲笑這是不像話的訴訟，但驚人的是，霍普的主張取得法律認可，於是月球的主權便歸霍普所有。後來霍普成立了一家名為月球大使館（Lunar Embassy）的公司，開始出售月球的土地，半個足球場大的土地售價約為 20 塊美元。這等於是花 5 萬韓元就能買下一個足球場大的月球面積。

月球大使館至今的銷售額最少已達 1 億美元以上。跟月球大使館購入月球土地的人當中，包含許多有名政治人士和演藝人員。霍普還計劃在其他國家做類似的生意，目前已有多場官司纏身。那麼，以現實世界為背景打造出來的擴增世界——擴增實境元宇宙——的主權又歸屬於誰？雖然營運《虛擬入口》所需的軟體、伺服器及相關智慧財產權確

實是屬於 Niantic 的，但整個「虛擬入口元宇宙」都歸屬於 Niantic 嗎？至今與此相關的大規模紛爭尚未被報導出來，不過以下的狀況是實際存在的。某企業以特定地區為背景構築擴增實境元宇宙。該地區是住宅區，有許多屋齡高的獨棟別墅。外部人為了玩元宇宙遊戲而頻繁拜訪，甚至到了深夜還相當吵鬧，因此該地區住民集體向經營元宇宙的企業提出了抗議。隨著擴增實境元宇宙的成長，這類的紛爭勢必會更頻繁地發生。

2-6

可口可樂的瞬間移動裝置：
在新加坡下雪

　　《阿爾罕布拉宮的回憶》和 Niantic 的《虛擬入口》是活用隱形眼鏡或智慧型手機應用程式的擴增實境元宇宙案例。使用者可透過隱形眼鏡或智慧型手機的畫面看見實際不存在的東西。那麼，有辦法讓不存在的東西實際出現在真實世界中嗎？以下會簡單介紹可口可樂的案例。2014 年冬天，可口可樂擬定一個將全世界的人串連起來的目標，並推動了非常有趣的宣傳活動，也就是連結芬蘭和新加坡的企劃。

　　新加坡的年平均溫約為 30 度，雖然有冬天，但相對暖和，也稍縱即逝。為了將下雪的聖誕節作為禮物送給新加坡，可口可樂製作了一個全新的裝置（冬季仙境機器）。他們製作了兩台外型相似於自動販賣機的巨型機器，一台放在芬蘭拉普蘭區（Lapin maakunta）的聖誕老人村，另一台放在新加坡

的萊佛士城。兩台機器皆有安裝相機和大螢幕。如果有人靠近設置於芬蘭的機器，當下的模樣就會被拍攝成影像，透過網路即時傳輸至位於新加坡的機器螢幕上。反之亦然，如果有人靠近新加坡的機器，被拍攝起來的畫面也會顯示於芬蘭的機器螢幕上。到目前為止，這看起來大概就像是設置在街頭的大型視訊通話裝置。

　　接下來發生的事情相當神奇。位於聖誕老人村的機器下方，有一個能裝雪的投入口。旁邊還放有鏟雪時會用到的大鏟子。路過的人用鏟子將雪鏟入機器的投入口時，會發生什麼樣的事呢？新加坡的那台機器上方，安裝了一個人工造雪機，雪花會從那裡撒下來。在芬蘭的聖誕老人村把雪鏟入機器的人和在新加坡街頭初次看見雪的人，彼此並不認識。不過，身處地球另一端的陌生人為了你把雪鏟入機器，而那個雪還在同一時間朝你降下，這真的是浪漫的幻想故事，不是嗎？然而，這件事有趣的地方在於，像這樣的幻想場景，並非使用鍵盤、滑鼠、智慧型手機等裝置來呈現，而是實際用鏟子鏟雪，然後透過造雪機撒下。

　　可口可樂等於是打造了人類史上第一個瞬間移動裝置，當作禮物送給人們。在科幻電影中，瞬間移動裝置大多都是將物品的原子和分子的資訊數位化後，透過網路傳輸到遙遠

的地方，接著再像 3D 列印那樣重新製作成物品。這是以非常科學、工學的方式來呈現的。可口可樂以既有的技術、以不那麼困難的技術為基礎，將芬蘭和新加坡串連起來後構築出元宇宙。構築元宇宙時，確實需要科學及工學的要素。不過，可口可樂打造出來的元宇宙正是在提醒我們，科學及工程學的要素並非元宇宙的全部。若其中不包含人文的感性及哲學，擴增實境元宇宙也只是呈現新技術的展示空間罷了。

2-7

竊盜大賽，偷到就是你的：
藝術系列酒店的爆紅企劃

　　本篇要介紹的擴增實境案例，和在《阿爾罕布拉宮的回憶》中登場的元宇宙《聶斯特》一樣有驚人的沉浸式體驗。那就是位於澳洲墨爾本的高級連鎖酒店——藝術系列酒店（Art Series Hotels）——所打造的元宇宙。藝術系列酒店的每家分店都有自己的主題，而展示有名藝術家的作品則是此系列酒店的特色。

　　夏季為藝術系列酒店的淡季，為了在淡季銷售 1000 間客房，他們以自家酒店為背景，向大眾提出一個非常獨特的世界觀。他們大約花了 8 萬美元來打造並經營獨特的元宇宙，利用從 1990 年代後活躍於英國的匿名美術家，也就是塗鴉藝術家（graffiti artist）班克斯（Banksy）的作品來企劃活動。班克斯的作品帶有諷刺社會與政治的意味，大多以建築物的

外牆、橋樑和街道等為背景來創作。酒店花 1 萬 5 千美元購入班克斯其中一幅作品〈無球遊戲（No Ball Games）〉，並展示於某間分店。然後他們向旅客發出公告，要大家試圖把畫作偷走。偷竊規則相當單純：禁止使用槍枝、刀械等武器，也不得採取暴力行為。若能用其他手段偷走，該畫作就歸屬偷竊成功的客人。這是個能免費獲得高昂畫作（價值達 1 萬 5 千美元）的大好機會。不過還有另一個規則，那就是若想行竊，就必須投宿藝術系列酒店。

藝術系列酒店透過社群媒體向大眾宣傳這個活動，同時也給予跟畫作相關的提示。活動期間，班克斯的作品會轉移到不同的分店展示，至於什麼時候會在哪個地方展示，並沒有詳細地對外公開。非常多人，甚至還有有名的藝人也試圖偷走畫作。酒店取得客人的同意，將人們在嘗試偷竊時被拍下的監視器畫面上傳至社群媒體。開始有許多在偷竊過程中被抓到的人，興奮地將自身經驗上傳至個人的社群媒體。這次活動被多家媒體爭相報導，包含澳洲本地的媒體，以及 CNN（有線電視新聞網）、《LA Times（洛杉磯時報）》等各種外媒。結果，班克斯的畫作下場如何呢？

有兩名女性——梅根・安妮（Megan Aney）和莫拉・托伊（Maura Tuohy）——成功偷走了畫作。她們行竊時，並沒有

使用高科技或是複雜的軍事戰術。她們得知班克斯的畫作很快就要從藝術系列酒店的布萊克曼分店運送到奧爾森分店，於是便假裝自己是奧爾森分店的職員。她們謊稱自己要負責將〈無球遊戲〉搬運到奧爾森分店，並跟布萊克曼分店的職員索取畫作，布萊克曼的職員上當後，乖乖地交出畫作。那時「偷走班克斯」的活動才進行到第四天。後來酒店又準備了新的作品，繼續舉辦活動。梅根・安妮和莫拉・托伊偷走畫作的消息很快就在社群媒體上傳開。

藝術系列酒店這次的活動榮獲克里奧國際廣告獎（Clio Awards）互動類的銅獎，也榮獲坎城國際創意節（Cannes Lions International Festival of Creativity）公關組的金獅獎。酒店一開始打算投資 8 萬美元來銷售 1000 個客房，所以才擬出這項企劃，最後的成果如何呢？酒店所有的客房共 1500 間全都銷售一空，收益高達投資金額的 3 倍。本次活動在社群媒體上被分享的次數足足有 700 萬次。看這個成績，藝術系列酒店所打造的合法竊盜元宇宙——偷走班克斯——可說是大獲成功。

在犯罪心理學的格言中，有一句話說：「壞人會去做好人只敢在夢裡想像的事（Bad men do what good men dream.）。」我們透過小說、電影等管道接觸到許多藝術作品被小偷巧妙

竊走的酷炫故事。當然，不容置疑的是，這樣的竊盜行為在現實社會中是違法的，但即使目標不在於成為富翁，還是會有許多人幻想自己如果能偷竊昂貴的物品，嘗試看看這種刺激的事情，結果不知會是如何。藝術系列酒店正是利用這一點來構築元宇宙。就算偷了藝術作品，不論在偷竊的過程中有沒有被逮到，都不需擔心會被處分。除此之外，開放行竊的物品並非複製品，而是在現實世界中以高價交易的真正的藝術品。他們巧妙地融合了現實與幻想的元素。「偷走班克斯」的幾個切入點如下：第一，擴增實境並不一定都要動用智慧隱形眼鏡、智慧型手機應用程式這類高科技的裝置。關鍵在於如何將某個內容套用在現實之上，藉此擴增人的感覺、經驗和想法，或是使這些轉移到其他地方。雖然「偷走班克斯」利用社群媒體來提供活動資訊和提示，但除此之外，大部分活動的經營都是以類比的形式來進行的。當然，如果他們借用數位的力量，想必能打造出範圍更大、參加者更多的龐大元宇宙。第二，擴增實境元宇宙不必照樣遵行現實世界的規則和法律。即使有所觸犯，只要讓擴增實境元宇宙裡的成員都得到益處就行。不過，在擴增實境元宇宙裡發生的事情，不能對現實世界造成損害。

2-8

花錢把自己關入監獄的 Z 世代：密室逃脫

　　大家有去過密室逃脫工作室嗎？由日本公司 SCRAP 在 2007 年首度創造出的密室逃脫文化，先在歐洲及美國等地開始流行，之後又以新加坡為中心，擴散至整個亞洲地區。在韓國，此番風潮則是在 2015 年 4 月首爾 Escape room 於弘大開張後，才迅速擴散至首爾江南以及全國各地。

　　雖然每個業者經營密室逃脫工作室的方式都稍有差異，但基本模式都很類似：參加者繳交韓元 2-4 萬元（約 16-32 美元）的費用後，在密室逃脫工作室裡各種不同主題的房間中挑選一間進入。有單人遊戲，也有多人遊戲。參加者一走進房間，工作人員就會將房門上鎖，遊戲即刻開始。參加者必須在房間裡找出多個線索來進行推理，然後打開各種機械鎖或電子鎖，接著再移動到隔壁的房間或是前往下一個場景。

只要在遊戲時間內打開所有的鎖並抵達指定空間，就能獲得勝利。我曾經以某企業高管為對象，推動體驗Z世代文化的活動。在活動過程中，每3-4人會組成一隊去玩密室逃脫。他們大多都不曉得有這種遊戲文化，而實際體驗之後，他們的反應大致可分為兩種。一種是：雖然沒能成功逃脫，但很享受和同事一起協力解謎的逃脫過程。另一種是：雖然知道那是假想的狀況，但被關進房間後還是感到慌張，不曉得該如何開鎖而在一開始就對外求救。後者讓我想到頭戴式VR虛擬實境機器剛上市時，有些人在博覽會上配戴VR機器觀看影片，當殭屍在影片中登場時，他們就嚇得將機器丟了出去。

韓國國內有許多電視台採用密室逃脫工作室的營運方法來製作節目。有tvN《腦性時代：問題男子》的〈密室特輯：密室逃脫企劃〉，還有在MBC的《My Little Television》以及JTBC《認識的哥哥》中登場的密室逃脫遊戲。tvN以大型密室逃脫遊戲為主題，在2018年7月推出綜藝節目《大逃脫》第一季，目前已播放至第三季。

單憑類比裝置很難使密室逃脫工作室成長為大規模的元宇宙。最近國內外都開始跳脫以少數企業為中心，在建築物內部打造密室逃脫空間的那種小規模遊戲型態，漸漸可以看

見在戶外以大型規模進行解謎遊戲的案例。就韓國來說，Play The World（www.playthe.world）是最具代表性的案例。

　　只要用智慧型手機點進相關網頁，就會看到不受地區和空間限制的遊戲，以及需要移動到特定區域，在指定空間搜集實際存在的各種線索的戶外密室逃脫遊戲。在 Play The World 上有免費提供幾款戶外密室逃脫遊戲──以貞洞為背景的《回到貞洞 Part2》、以光化門為背景的《光化門金部長企劃》、以首爾路為背景的《第二時間》，還有以弘大為背景的《最後的讀者》等等（截至 2020 年 9 月為止）。在密室逃脫工作室裡會發生什麼事，而戶外密室逃脫遊戲又是什麼，這些光是看說明很難完全理解。希望各位能抽空和朋友及家人一起前往上述提到的 Play The World 的遊戲地區，親自玩玩看。偶爾經過那些地區時，都會看見有人使用智慧型手機打開 Play The World 的網頁，在路上邊走邊解謎。那些人雖然和我們身處同一個空間，但在玩 Play The World 的當下，他們就等於是停留在另一個密室逃脫的元宇宙中。

　　如果不方便到戶外，也可以透過訂閱制度訂閱遊戲產品來玩。業者定期將物品裝箱快遞到用戶家中的訂閱制遊戲正在急速成長。其中，「狩獵殺手（Hunt A Killer）」正是以訂閱制度來呈現密室逃脫元宇宙的案例。狩獵殺手在 2019 年

被《FAST COMPANY》雜誌＊選為前十大最創新的娛樂公司，另外又在 2020 年登上《Inc.》雜誌★「增長最迅速的私人企業」排行榜，位居第六名。狩獵殺手的月費為 30 美元。如果在首頁選擇有興趣的案件，能解開案件線索的物品就會裝箱寄到家裡。

用戶將自己推理的結果寄回狩獵殺手，減少嫌犯人數，接著就會再收到其它幫助破案的箱子，然後一直重複這個過程，直到最後抓到犯人為止。在狩獵殺手的元宇宙中，用戶能破解長期被保管在偵探協會的未破案件，藉此享受偵探的生活。聽說破解一個案件通常需要花費 6 個月的時間。這簡直就是兒時人人都曾經夢想過的夏洛克・福爾摩斯（Sherlock Holmes）的名偵探生活。狩獵殺手的商業模式和市場評價有必要留心觀察。因為如果你正在經營新創公司，就可以參考狩獵殺手的商業模式，使用相對小的投資規模，透過訂閱制度向消費者提供擴增實境元宇宙。

＊於 1995 年首次發行的美國財經雜誌，一年發行十期。

★成立於 1979 年的美國商業媒體，他們公布的美國前 5000 大增長最迅速的私人企業年度名單，是眾多讀者關注的焦點。

2-9

藉由擴增實境誕生的另一個我：
SNOW & ZEPETO

　　有種智慧型手機應用程式是 10 世代和 20 世代都一定會安裝的，那就是修圖軟體：SNOW、SODA、Wuta Camera 等等。年輕世代甚至認為「修圖後的模樣也是我的實際面貌」，並且互相認可彼此修過的照片。相機應用程式不僅能改變眼睛和鼻子的大小、修尖下巴的曲線，還能調整皮膚色澤並套用各種化妝效果。這就是在自己實際的面貌之上，擴增成心中理想的外型。

　　製作 SNOW 應用程式的 SNOW 公司推出了一個新服務：ZEPETO。ZEPETO 是將擴增實境和生活日誌化合併的虛擬世界平台。雖然生活日誌化和虛擬世界在後續的章節還會個別再說明，但簡單來說，生活日誌化就是社群媒體，而虛擬世界就是在智慧型手機或電腦中打造出來的 3D 世界。一開

始 ZEPETO 出自 SNOW 公司內部的組織，後來在 2020 年 3 月另外獨立成一家公司「NAVER Z」。

ZEPETO 內提供非常多樣化的功能，以下大致分成四個部分來說明。第一，結合 3D 技術和擴增實境的強大「Avatar」功能。「Avatar」指的是在網路環境中代替自己的化身和角色。在 ZEPETO 裡，用戶可以使用模擬自己容貌的 3D 化身於社群媒體上活動，也可以和其他用戶在虛擬世界中互動或玩遊戲。人們在 ZEPETO 裡可以套用嶄新的化妝技術將自己的虛擬化身打扮得美麗動人，也可以搭配時下最潮的髮型和時尚單品，將虛擬化身裝扮得時髦又帥氣。

第二，提供商城服務。用戶可以利用 ZEPETO 提供的工作室功能，親自製作各式各樣的服裝或配件。製成的商品可以自己使用，也可以販售給其他用戶來賺取收益。

第三，提供社群媒體功能。可以用自己製作、裝扮好的虛擬化身作為主角，在 ZEPETO 裡經營自己專屬的社群媒體主頁。每個人的主頁就像自己的房間一樣可以自由裝飾。牆壁、地板和居家物件等背景設計及配置都能更換，充分展現出個人的特色。在照片亭裡可以使自己的角色做出各種動作來拍出自己想要的照片，然後像 Instagram 那樣分享給其他人。

第四，用戶可以親自製作虛擬化身玩的遊戲和活動空間。社群媒體型態的互動方式是非即時、一對多的型態；在遊戲和活動空間中的互動方式，則擴張到能讓許多用戶即時以小組、一對一的型態來互動。有許多用戶正活用這種功能，打造出溫馨的咖啡廳、密室逃脫遊戲、釣魚場、地鐵站等五花八門的空間，在那裡和一起參與的用戶享受他們專屬的樂趣和社交圈。

ZEPETO 於 2018 年 8 月開始提供服務，截至 2020 年 8 月為止，累積用戶已達 1 億 8 千萬人，其中海外用戶占 90%，10 世代用戶約占 80％。ZEPETO 正逐漸成長為專屬 10 世代的國際社群服務。在 ZEPETO 中，由用戶親自製作的內容已經超過 9 億件。現在 ZEPETO 正在積極推動和國際 IP（Intellectual property，智慧財產權）企業的合作。

韓國的 Big Hit 娛樂＊和 YG 娛樂在 2020 年 10 月分別對 ZEPETO 投資了 570 萬美元和 400 萬美元。Big Hit 娛樂和 YG 娛樂計劃在 ZEPETO 中多樣化地活用旗下藝人的 IP。在

＊ Big Hit 娛樂於 2021 年做出大幅改革後更名為「HYBE」，而原本的 Big Hit 娛樂則改名為「BIGHIT MUSIC」，並在 2021 年 7 月被拆分為 HYBE 的子公司。

現實世界中擁有龐大影響力的演藝人員，選擇 ZEPETO 作為他們正式進軍元宇宙的其中一個踏板。

　　有人覺得不用現實中自己的面貌，而是用虛擬化身來跟別人溝通看起來很奇怪嗎？人們在廁所洗完手後，常常會習慣性地照鏡子、壓平翹起來的頭髮、整理亂掉的衣服或修補妝容。我並不覺得人們想展現更帥氣、美麗的外貌而選擇這樣做是很奇怪的事。ZEPETO 等於是將這樣的欲望擴張到幻想的領域。只要不是全盤否認自己在現實中的樣貌，單單只追求 ZEPETO 裡的模樣，我覺得可以將這個平台視為以幻想為基礎的新型溝通元宇宙，愉快地享受看看。

擴增實境打造的智慧工廠：
空中巴士（Airbus SE）& BMW

在生產過程中投入各種資訊及通訊科技來提升生產效率的未來型工廠，被稱為「智慧工廠（smart factory）」。擴增實境甚至還改善了製作現場和工廠環境，智慧工廠也因此逐漸化為現實。

在套用擴增實境的作業現場中，工人可以透過疊加在實際物件上的圖像來獲取作業進行時所需的各種資訊。這項技術能幫助工人輕鬆地掌握到作業時所需的各種零件資訊、庫存現況、整體組裝圖、工廠運作現況、前置時間（lead time，產品從生產到完成所需的時間）等。以這種資訊為基礎，可以將作業過程的失誤降到最低，也可以大大預防作業中斷的狀況。就結論來看，擴增實境有助於提升產品的品質並減少前置時間。除此之外，還能有效預防各種在作業過程中可能會

發生的意外，因此安全管理的水準也能跟著提升。

　　舉例來說，假設現在有一個生產工業用機械的工廠，平常需要好幾個工人協力按照順序、根據設計圖來組裝 2000 個零件，最後才能完成產品。在傳統的工廠裡，工人必須一邊透過紙本文件或檔案來確認相關內容，一邊進行作業。然而，若使用擴增實境，工人的頭戴式裝置就會自動秀出作業過程中所需的零件和設計圖資訊。舉另一個例子來說，某個戰鬥機組裝工廠光是為了對組裝的工程師進行教育訓練，就得投資數年的時間，可見組裝的工程相當複雜。不過，若在組裝工程中引進擴增實境的技術，工程師就能即時確認多個零件的資訊，並且掌握到該零件要放置的位置和組裝方法。實際將擴增實境套用在戰鬥機組裝過程的案例，其作業正確度和生產速度分別上升了 96% 和 30%。目前空中巴士（Airbus SE）*採用一套名為「MiRA」的擴增實境系統，將製作中的飛機資訊全都以 3D 的形式呈現給工程師看。空中巴士導入 MiRA 之後，原本需花上 3 週的支架檢查工程大幅縮短至 3 天。波音（Boeing）★在波音 747-8 的配線工程中套用擴增實

＊於 1970 年由德國、法國、西班牙與英國共同創立的民航飛機製造公司，
　總部設於法國土魯斯。與波音同為民航機領域的兩大製造商。

境後，作業時間減少了 25％，而且作業失誤率還下降至 0％。

　　類似的作業方法也套用在產品出廠後的保養和維修工程上。像是利用頭戴式裝置或平板電腦明確指出產品需要保修的部分，同時也將哪個部分該使用什麼零件，而又該經由哪個作業流程來維修等資訊，一目瞭然地呈現給現場的作業人員。另外，有時還能幫助作業人員遠端解決問題，不用親自移動到需要保修的空間。當位於偏遠地區的顧客所持有的設備發生問題時，作業人員可以在自己的辦公室或住家中，透過擴增實境有臨場感地掌握顧客的設備發生的問題，並且提出適合的應對措施。

　　擴增實境也被廣泛運用在為現場工人設計的各種製作過程所需的技術教育中。即使不用實際拜訪工廠，擴增實境也能在教育課程中呈現出相似於工廠內部的實習環境，藉此加強沉浸感。BMW（Bayerische Motoren Werke，巴伐利亞引擎製造廠股份有限公司）在長達 18 個月的工程師教育訓練中，引進了擴增實境的技術。引進擴增實境之前，資深的講師必須一對一和工程師進行教育，但引進擴增實境後，1 名講師可以

★一家開發、生產及銷售航空器的美國公司，成立於 1916 年，目前為世界最大的航空、航太製造商。

同時教導 3 名工程師。這個方法大幅降低了教育成本，而且根據調查結果顯示，不論是學習效果還是受訓員的滿意度，都和之前的教育方式取得相同的成果。捷豹路虎（Jaguar Land Rover Automotive PLC）*與博世公司（Bosch）★協力設計出活用擴增實境的教育系統。舉例來說，在修理汽車儀錶板的相關教育訓練中，工程師即使沒有實際拆解汽車的儀表板，依然可以透過擴增實境來熟悉修理的過程。

就像這樣，擴增實境發揮了多樣化的功能，能有效提升安全性、縮短作業時間、改善產品品質並降低教育成本。另外也正在改變生產現場和工廠的作業模式。說不定在不遠的將來，工人就不需要待在工廠，而是能在舒適的住家或辦公室裡，透過元宇宙來進行一切的生產過程。

＊一家擁有兩個奢華品牌的英國汽車製造商，負責研發、生產、銷售捷豹品牌和路虎品牌的全部汽車。原為兩個不同品牌，經歷幾次收購後，在 2008 年同時被福特汽車公司賣給印度的塔塔汽車。
★成立於 1886 年的德國工業公司，主要產品為汽車零件、工業產品和建築產品。

2-11

元宇宙的未來和陰暗面 #1：
擴增實境玫瑰色濾鏡

擴增實境玫瑰色濾鏡

接下來我想向各位展示名為「擴增實境玫瑰色濾鏡」的擴增實境元宇宙。這個元宇宙實際上並不存在，它是在我執筆的超短篇小說裡登場的其中一個元宇宙。在第三、四、五部中也會稍微提到我以元宇宙為主題來撰寫的小說內容。

希望各位能讀得開心，同時也發揮智人的想像力，思考看看擴增實境元宇宙會引發什麼問題，還有各位所期待的擴增實境元宇宙是什麼模樣，而在未來又會出現什麼樣的擴增實境元宇宙。

#擴增實境玫瑰色濾鏡 by 金相均
發表於 2020 年 6 月 7 日

「就如您所看到的，我們提供的服務總共有三種型態。網路上詢問度很高的就是這個幻想套組，還有這邊這個名人套組。」

聖哲和美珠瞪大眼睛盯著全像攝影的目錄看。剛才代理商店的經理將角色扮演遊戲中相似於男主角容貌的角色臉孔，套用在掃秒過的聖哲臉上。而在一旁的美珠，則在臉上套用了相似於日本動漫女主角的臉孔，正以 360 度轉了一大圈。

「你們今天來得很剛好，促銷活動只到明天。新品上市活動才剛開始，已經有很多人註冊會員了。如果和 10G 的商品一起合買，就可以在 1 年當中免費體驗擴增實境隱形眼鏡、軟體應用程式還有角色服務。當然合約期間依然是 3 年……」

「也就是說，只要我帶著這個擴增實境的隱形眼鏡，我太太的臉看起來就會是這個動漫角色嗎？」

「當然囉！就像您透過全像攝影看到的一樣，成像效果將完美到讓您無法分辨真偽。大家通常都會在睡前摘下來，不過如果您要戴著入睡也沒問題。一般來說，在床舖上都

會……總之，不要連續配戴超過 20 個小時即可。摘下來時，請務必放到殺菌燈裡。」

「那個，您剛剛說可以體驗，對吧？那麼我可以親自試試看我配戴這個隱形眼鏡時，我老公看起來會是怎麼樣嗎？」

「沒問題，當然可以。來，您剛剛使用全像攝影目錄中的幻想套組，現在來體驗看看名人套組吧！我看看喔……您剛剛說您喜歡電影演員金宇宙，那麼我幫您設定成金宇宙來讓您體驗看看。」

代理商店的經理在平板電腦上輸入一些內容後，又追加說明：

「雖然幻想套組的 3 年合約中有 1 年可以免費體驗，但因為金宇宙是名人套組，所以您若選擇購買金宇宙的服務，就必須每個月繳交 5 萬元的授權費用。好，那麼您試用看看。」

美珠接過經理遞過來的隱形眼鏡，放入雙眼中。淡藍色的光芒在眼前閃爍了幾下。

「請您看向您先生那邊。」

美珠看向聖哲。聖哲的外貌變成了電影演員金宇宙。美珠覺得太神奇而從位置上站起來繞著聖哲轉了兩圈，仔細地

看了又看。不管從哪個角度看，聖哲看起來都是電影演員金宇宙。

「哈哈哈，大家用了都覺得很神奇。」

掛在美珠嘴角上的微笑，不禁讓聖哲的眼角微微顫抖。

「不過剛剛您說這裡總共提供了三種服務，其中兩個是幻想套組和名人套組，那麼剩下的那一個是什麼？」

「喔，那個啊！其實那個是機密，如果不是很熟的顧客，一般來說是不會透露的，不過我們店長說您是他的學弟，特別吩咐我要向您說明全部的服務項目，所以我才跟您說的。雖然我們有取得部分名人或藝人的授權，正式將他們列入名人套組的服務，但還是有很多頂級明星尚未授權。不過技術上沒有什麼辦不到的。越是頂級的明星，3D 掃描的資料就越多。所以雖然還沒取得正式授權，依然可以私下將頂級明星的角色植入套組內供顧客使用。」

「那麼，我提過的那個女演員也……」

「我看看，喔！您說的是這位吧？這位的數據很多啊！我可以將這位的資料加入您的套組裡。但您不要跟別人說這是我們代理商店提供的服務喔！不然我們就慘了。」

很快地聖哲已經戴上隱形眼鏡，正從各個角度觀察著美珠。聖哲的眼前是望著自己、看起來很幸福的美珠，不對，

是那個女演員。

「您決定得如何呢？要現在立刻預購嗎？」

聖哲和美珠摘下隱形眼鏡後，互相偷瞄對方，誰都說不出半句話來。他們只問了幾項服務內容，拖延了一些時間後就開門走出商店。

「剛才跟您介紹的促銷活動到明天為止，歡迎您仔細考慮後再過來。」

當天晚上，躺在床上的聖哲收到了一封簡訊。

「您好，我是白天跟您見過的代理商店經理。夫婦不用同時註冊，先生可以單獨瞞著太太註冊會員。優惠內容是一致的。」

過沒多久，美珠的手機也收到一封簡訊。

「您好，我是白天跟您見過的代理商店經理。夫婦不用同時註冊，太太可以單獨瞞著先生註冊會員。優惠內容是一致的。」

PART 3

生活日誌化的世界：
將你我的生活複製到
數位空間

「日記很神奇，你漏掉的東西比你寫的東西更重要。」

——西蒙・波娃（Simone de Beauvoir）

現實的我－不想給別人看見的我＋理想的我＝生活日誌化世界

　　記錄關於自己生活的各種經驗和資訊，而且內容存檔後有時還會拿出來分享，這種行為就是「生活日誌化」。我們經常使用的社群媒體——Facebook、Instagram、Twitter、KakaoStory 等——全都包含在生活日誌化元宇宙裡。參與生活日誌化的人主要扮演兩種角色。第一，將學習、工作和日常生活等自己的各種樣貌，以及發生在自己身上的所有瞬間，以文字、照片和影像等形式記錄下來後，上傳至線上平台加以保存。為了記錄發生在自己身上的種種，通常都是倚靠自身的記憶、智慧型手機的相機或是穿戴在身上的裝置來蒐集資訊。第二，觀看其他使用者上傳的生活日誌化內容，以文字留言、貼上表情符號來表達自己的看法。另外也會轉貼到自己的生活日誌化網站，好在未來重新閱覽，或是分享

給其他好友觀看。

　　生活日誌化的概念在 21 世紀之前就出現了。以類比的角度來看，我們在學生時期寫過的日記就是最具代表性的生活日誌化。美國的一位英文教師羅勃・薛爾茲（Robert Shields）以 5 分鐘為一個單位，將自己從 1972 年到 1997 年長達 25 年的生活全都記錄下來。他留下紀錄的文字份量多達 3 千 7 百萬個詞彙，如果編撰成冊，大約有 400 本書。目前他的日記是人類史上最長的日記。若要以 5 分鐘為單位來記錄自己的生活，幾乎不可能將自己的生活編輯過後再記錄下來。1996 年珍妮佛・林格莉（Jennifer Ringley）架設了一個名為「看珍妮」的網站，她在自己的學校宿舍中架了一台網路攝影機，每 15 秒就會自動拍下照片並傳送，而這項服務一直經營到 2003 年為止。

　　那麼 21 世紀的人類都在自己的生活中記錄些什麼呢？人們最常在社群媒體上分享的內容依序為：自己的想法、自己正在進行的活動、自己想推薦的東西、想分享的新聞報導、想分享的其他人的生活日誌（其他人上傳到社群媒體的貼文）、自己的感受、自己的未來計劃。在我使用的社群媒體上，與我互相連結的那些人所上傳的貼文大概也都跟這個順序一致。像羅勃・薛爾茲和珍妮佛・林格莉這種案例算是

相當罕見的，大部分的人只會記錄、儲存並分享自己想讓別人知道的內容。在這過程中，出現了類似電視節目的編輯功能。在自己實際的樣貌與生活中，不想讓別人知道的模樣，大部分都會被刪除。而且刪除後保留下來的生活樣貌，通常都會稍經修飾後再上傳，而不是直接上傳到開放的空間。尤其在以社群媒體為基礎的生活日誌化領域，約有超過 30% 以上的內容都是照片。於是每次有最新型的智慧型手機上市時，電視廣告都會強力宣傳那支手機有多麼容易就能拍攝並編輯出帥氣的照片。多顆配置在智慧型手機上的高性能鏡頭所扮演的角色，就是替人們拍攝生活日誌化需要的那些照片。總而言之，從現實的自我中刪去不想讓別人看見的自我，然後稍微加入一些理想自我的形象，這樣的生活日誌化正是這個時代的趨勢。

3-2

在元宇宙中朋友的意義：
人生的同伴 vs. 旅行的同伴

　　每天有 15 億 6 千萬人（以 2019 年為基準）登入 Facebook。這與上個年度相比增加了 8%。等於說，這個世界約有 1/5 的人口每天都在使用 Facebook。Facebook 的營收在 2018 年上升至 558 億美元，這和 2017 年相比增加了 37.4%。更驚人的是 Facebook 的營業利益率，以 2018 年為基準，Facebook 的營業利益率高達 44%。2018 年現代汽車的營收為 790 億美元，營業利益為 19 億 5 千萬美元。在汽車領域位居世界銷售量第一的豐田汽車，2018 年的營業利益為 200 億美元。在現實生活中，人們會開車去和其他人見面，而在生活日誌化元宇宙中，人們則是使用無線網路，透過 Facebook 這類的社群媒體來和別人見面。一比較汽車製造商和 Facebook 的營業利益，就能知道生活日誌化元宇宙的規模

有多麼龐大。

　　各位在生活日誌化的代表案例——社群媒體——中，都和什麼樣的人連結在一起呢？不管是公務上的關係還是私人的關係，不管有沒有見過面，想必在你的好友名單中，大多都是關心事項和嗜好與你差不多的人。社群媒體替用戶推薦朋友的基本演算法為——你好友的好友。其中推薦給你的新好友又以平常和你互動（留言、按讚、貼圖等）較多的好友的好友為主。也就是說，在社群媒體上，我們大多是和與自己特質相近的人聚在一起。

　　那麼，你在哪種狀況下會刪除社群媒體中的好友？大概是對方說出傷害你的言語的時候、對方的反應不如你預期的時候、對方上傳的貼文和你的想法差異太大而令你尷尬或生氣的時候。在生活日誌化元宇宙裡，人們會在經歷這些狀況的過程中，逐漸將與自己相似的他人留在身邊。

　　在這裡我想插播問大家一個問題。如果你已婚，請試著想想你的配偶，如果未婚，請試著想想你的戀人或最親近的朋友。你覺得那個人對你而言，比較接近人生的同伴，還是旅行的同伴？某項研究指出，在上述的關係中感到幸福的人，比起將對方當作自己的人生同伴，更多是將對方當作旅行的同伴。為什麼會出現這樣的結果呢？將對方當作人生同

伴的人，通常會期待對方連微小的細節都要和自己的認知一致。當彼此不合時，就會改變自己來迎合對方，或是期盼對方改變後來迎合自己。不過大家都很清楚，人不容易改變。相反地，將對方當作旅行同伴的人，雖然會和對方分享人生的大段旅程，但通常都會互相理解——在這段旅程中，雙方可能會看向不同的地方、可能會感受到不同的情感。自己並不會努力想改變，同時也不太會期盼對方能改變，只是單純接受對方原本的模樣。我之所以在談論社群媒體元宇宙的章節中，提及人生同伴和旅行同伴的研究，是為了要說明以下的內容：我希望閱讀本書的讀者，能將生活日誌化元宇宙中的朋友當作旅行的同伴，就是那些平常會分享彼此的日常紀錄、生活日誌（lifelog）並互相為對方加油打氣的朋友。這樣各位在元宇宙裡才能和那些旅行的同伴相處得更好，變得更幸福。

元宇宙裡的史金納箱*：
受傷大腦的休憩處

　　前面提到的羅勃・薛爾茲在 25 年當中持續記錄了自己的生活。我認為他記錄的目的和近年來我們使用社群媒體來記錄並分享自己生活的目的並不一樣。我推測他比起想和其他人分享，應該更是想仔細記錄自己的生活並妥善保管，然後在未來的某一天像打開時光膠囊那樣打開來看看。

　　那麼我們為什麼要在社群媒體元宇宙中記錄並分享我們的生活呢？雖然留下自己的生活紀錄也是其中一個目的，

---

*由美國心理學家史金納（Burrhus Frederic Skinner）發明來研究動物行為的實驗裝置。當受試動物在引導之下做出某些特定舉動時（例如：按壓槓桿）就能得到獎勵。實驗結果證實，此種獎勵機制能有效控制動物的行為。由於 Facebook 或 Twitter 等社群媒體的回饋功能與此實驗相似，故有許多人使用「史金納箱」或「史金納操作」來說明或指責社群媒體的運作模式。

但從社群媒體的基本特性來看，我認為主要應該還是希望在自己遇到好事時，能獲得他人的認可或祝福；遇到壞事時，能得到他人的安慰或鼓勵。人們將照片或文字上傳至社群媒體後，總是會既期待又好奇他人會對此做出什麼樣的回饋。這部分啟動了人類的激勵系統。把東西上傳至社群媒體後，期待他人給予回饋的心理會促使多巴胺分泌，而當他人實際做出自己期待的回饋時，大腦就會分泌腦內啡，使人感受到幸福。這裡有個重點，那就是人們上傳紀錄，然後透過他人的回饋來感受幸福的這個循環並沒有盡頭。人類的激勵系統無法感受到徹底的滿足，不會出現「這樣夠了！」的訊號。人類是永遠無法感到滿足的存在，所以才會上傳更多貼文，期待得到更多回饋。也就是說，人類永遠無法感到滿足的特性成了一股原動力，促使許多人無止境地把東西上傳至 Facebook、Twitter 和 KakaoStory 等社群媒體，並且持續給予他人回饋。可以預期的是，只要激勵系統的本質沒有大幅的變化，社群媒體類的生活日誌化元宇宙就會持續繁盛下去。

另外，我們也有必要了解看看人類所具備的另一種特性——享樂適應（hedonic adaptation）。剛開始使用社群媒體時，只要有 10 個好友、5 個讚、3 則留言，人就會感到幸福。但是從某個瞬間開始，人就不會再滿足於這種程度的獎勵和

刺激，會轉而期待更大的獎勵、更大的刺激。因此，若社群媒體類的生活日誌化元宇宙想要持續成長，就得超越這種享樂適應的特性，一併提升獎勵和刺激的強度才行。

　　你覺得在社群媒體元宇宙中，因為他人的回饋和互動而感到幸福的人看起來很奇怪嗎？覺得他們就像渴慕大人稱讚的小孩子嗎？還是覺得他們是受了一點傷就想索取安慰的敏感的人呢？如果你產生了這些想法，請你先讀讀看以下關於稱讚和安慰的案例。1998 年史丹佛大學行為設計實驗室的福克（Brian Jeffrey Fogg）博士做了一項有趣的實驗。他聚集了一群人，告訴他們要進行的課題。只要他們完成一個課題，就會給予稱讚。不過在這項實驗中，給予稱讚的對象並不是人而是電腦。電腦會將稱讚的訊息傳給執行課題的人。那麼執行課題的人是如何面對由電腦發送的稱讚呢？實驗結果顯示，儘管執行課題的人知道稱讚訊息的發送者是電腦而不是人，知道那只是一則機器傳遞的訊息，但當他們被稱讚時，依然會在執行課題上有更出色的表現。那麼如果不透過電腦，改透過人——而且還是和自己在社群媒體上互相有連結的人——來稱讚自己，人會有什麼樣的反應呢？人將會感受到更龐大的幸福，那是電腦發送的稱讚完全比不上的。

　　如果你還是覺得因為社群媒體上的稱讚而感到幸福的人

實在很奇怪，那麼希望你能再讀一讀以下的內容。凱斯西儲大學（Case Western Reserve University）的羅伊·鮑邁斯特（Roy F. Baumeister）教授以「意志力會帶給人什麼樣的影響」為主題，做了一項有趣的實驗。鮑邁斯特教授是一位心理學家，主要的研究內容為意志力、自我控制、自由意志等。鮑邁斯特教授將受試者分成兩組後，讓受試者收看6分鐘長的綜藝節目。A組受試者收看綜藝節目時，沒有受到任何限制，可以輕鬆地收看。而B組受試者則被要求在收看綜藝節目的過程中不能笑出聲來。綜藝節目播完後，研究人員集合兩組受試者，對他們進行握力（手掌握住東西的力量）的測試。測試結果顯示，A組受試者的平均握力比B組受試者還高了20%。在其他實驗中，研究人員比較了在執行困難的課題時，禁止受試者吃巧克力和餅乾，以及不那麼禁止時的狀況。在必須忍著不吃點心的情況下，受試者更容易放棄困難的課題。這類的實驗帶給我們什麼樣的訊息？它告訴我們當人必須忍耐某件事情時，該狀況會帶給人什麼樣的影響。遇到好事時想獲得稱讚，遇到壞事時想得到安慰，這是非常自然的心理現象，我希望大家不要太壓抑這種情緒。雖然在沒有外部的獎勵和刺激，或是不與他人互動的狀況下，由自己來安慰自己也很重要，但在每天都很不安穩的21世紀，對我來們說比起更

強韌的意志力，是否更需要足夠多的稱讚和安慰呢？

　　上班族壓力大時，傾向透過抽菸或攝取高熱量零食來解除壓力。這是為什麼呢？因為人們的意志力已經被壓力消磨殆盡了。於是曾經想戒菸或減肥的念頭瞬間就會消失不見。比起戒菸和減肥能帶給自己的長遠的獎勵，吸菸和吃零食所帶來的短暫的幸福是更吸引人的。完成困難的企劃或考試後的 2-3 週，之所以會一直聚餐、暴飲暴食，也是出於同樣的道理。試想看看吸菸和暴飲暴食帶來的後果，就會覺得能稍微取代那些方法的社群媒體元宇宙帶給我們的短暫獎勵，其實也沒有那麼負面。

3-4

全速奔馳的大腦：
在元宇宙裡快上 40% 的時間

　　元宇宙大部分的內容和平台都仰賴數位的力量。不過，以數位為基礎的元宇宙有促使人腦往不同方向運轉的傾向。

　　同樣的文字，是列印出來閱讀，還是以檔案的型態，使用平板電腦閱讀，人腦會產生不同的反應。腦波檢查結果顯示，閱讀紙本文件時，人腦的腦波會維持在放鬆的穩定狀態，但使用數位機器閱讀時，人腦則會呈現興奮狀態。也就是說，當人在元宇宙裡時，大腦的喚醒程度更高。喚醒程度提高，亦即腦維持在更活躍的清醒狀態，這一定是好的現象嗎？首先可以確定的是，在數位元宇宙中，人腦接受某項資訊並做出判斷時所需的時間，比在類比世界中少了 40%。這麼快的處理速度有正面和負面兩種雙向的結果。

　　當你上傳自己的生活日誌時，元宇宙裡的朋友很快就會

讀到你的生活日誌並給予回饋。相反地，當你在元宇宙裡的朋友上傳他們的生活日誌時，你也會快速地閱讀那個內容並且留下回饋。雙方都會迅速地採取行動，安慰對回饋感到飢渴的彼此。然而，你是否有朋友曾經大略瀏覽你的生活日誌後寫下留言，後來又重新修改留言內容？或是某個朋友都沒仔細讀過你在一週上傳的那 10 則貼文，就一次全都幫你按讚，讓你備感驚慌？在數位地球元宇宙裡生活時，我們需要謹慎留意，自己是否過於快速地瀏覽他人的訊息因而錯過了某些內容。因為雖然閱讀後判斷的時間減少了 40%，但人腦運轉的速度卻沒快上那麼多。

3-5

在元宇宙中協作成長的群體：
我們是互相幫助的蠢螞蟻

　　上傳至生活日誌化元宇宙的文字，都是某個人的生活日誌，也就是與生活相關的紀錄。雖然也有人是慎重地修飾過後才上傳貼文，但大多數人上傳的貼文都不長，而且通常都是稍作整理就上傳了。看到那些貼文而初次踏入生活日誌化元宇宙的人當中，有的會說：「大家為什麼要玩這些？跟那些人相處是能得到什麼好處？玩社群媒體簡直是浪費人生。」假如在你加入的社群媒體中，有些好友是世界性的企業家，而有些好友是著名的學者呢？我相信你的看法肯定會改變。這麼說，其他不是著名企業家或學者的好友，在生活日誌化元宇宙中就毫無意義嗎？

　　以下會稍微介紹廣島大學西森拓教授所做的實驗。西森教授在化學、生物、社會科學等領域，使用機率以及統計分

析等方法研究各式各樣的現象，發表過的論文超過 150 篇。

在西森教授的研究當中，有一項模擬螞蟻群體移動的實驗。實驗內容主要是在觀察成群的螞蟻是如何從一個地點移動到另一個地點。雖然向來都是如此，但是一個龐大的群體要定出方向朝同一個地點移動，並不是件容易的事。在研究過程中發現，有緊跟在領導者後面的螞蟻，也有走錯路而脫隊的螞蟻，甚至還有沿著原路折返的螞蟻。西森正是對這部分感到好奇。於是他對照有路痴螞蟻的群體，以及沒有路痴螞蟻的群體移動的狀況，仔細觀察哪一個群體能更快抵達目的地。結果出乎意料的是，包含路痴螞蟻的群體，反而更快地抵達了目的地。當然，這個實驗結果是經過多次反覆測試後得到的平均值。為什麼會出現這種結果呢？蠢螞蟻帶給群體什麼樣的正面影響呢？蠢螞蟻經常會走錯路。走錯路的螞蟻乍看之下對自己沒什麼幫助，但牠走錯的那條路可能是條捷徑，或是能在那條路上學到完全意料之外的東西。因此，長久來看，那隻稍微有點蠢而走錯路的螞蟻，對我們來說其實是有意義的同伴。在生活日誌化的世界裡，你看見的某則貼文，或是在你貼文下方的某則留言，有時看起來就像是一隻蠢螞蟻走過的痕跡。相反地，你的貼文或留言，對某個人來說或許也是如此。即使這樣也沒關係。在生活日誌化元宇宙

中，我們偶爾扮演一下彼此的蠢螞蟻也無妨。這樣我們才能長期地在元宇宙中獲得更多成長。

如果你認為自己不需要蠢螞蟻的意見，也不用跟那種螞蟻互動，那麼請你再閱讀看看以下的內容。飛機飛行時，機長和副機長會同時坐在駕駛艙內。由於長距離的飛行很難由一個人獨自駕駛，所以會由兩個人來輪流操縱。據說副機長要升任機長通常需花 4-10 年的時間。也就是說，機長擁有更多飛行經歷。不過，飛機事故大多是發生在由機長駕駛的時候，還是由副機長駕駛的時候呢？意外的是，大多都是發生在由機長負責駕駛的時候。雖然機長的飛行經驗更為豐富，但卻比副機長還容易釀出事故。為什麼會有這樣的結果呢？其實沒有什麼特別的理由。在現實世界、類比地球上，我們大多都很難向經驗比自己更豐富、年紀比自己更大的人提出意見。這種文化導致副機長不太敢在機長操縱駕駛桿時提出自己的意見。活用模擬飛行的實驗結果更讓人感到衝擊。機長操縱駕駛桿正要著陸在柏油路上時突然失去了意識，但在這種情況下，有 1/4 的副機長都不敢去干涉機長的操縱權。發生於 1999 年 12 月 22 日的大韓航空 8509 號的空難事件也是同樣的狀況。該航班預定前往米蘭而從倫敦史坦斯特機場起飛，但起飛後不到 1 分鐘就墜毀於森林裡。當時是由機長

操縱駕駛桿，副機長雖然有察覺到事故發生的可能性，提出意見時卻遭到機長的無視。那麼立場對調時的狀況又是如何呢？當副機長操縱駕駛桿時，在一旁的機長總會不停地給予各式各樣的意見。這些建議大幅降低了副機長釀出事故的機率。或許在機長的立場來看，副機長就像比自己還不成熟的螞蟻，但如同螞蟻會傾聽彼此的意見那般，機長也應該要傾聽副機長的意見才對。

在教室裡也發生類似的狀況。我們會在學校跟教師學習。不過那些和你一起學習的同學，難道對你的課業沒什麼幫助嗎？以下將會比較兩種不同的學習方式。第一種是全體都只聽教師講解課程。第二種是聽完教師的講解後，再跟同學輪流說明方才學到的內容，或是向同學詢問沒聽懂的部分。在比較這兩種學習效果的各種研究中，第二種學習方式都呈現出更好的學習效果。這不是指教師有系統地將整理好的知識說明給學生聽的授課方法不好。只不過，就算有些生疏，由在情感上和自己有所連結的同學加入他自身的意見，以多樣化的方式來說明時，自己聽著聽著反而會有更深入的理解。新英格蘭大學（University of New England）的莫里內（Moliner）和阿列葛雷（Alegre）以 376 名十幾歲出頭的學生為對象，在數學課程中進行與上述內容相關的實驗。實驗結

果顯示，跟班上朋友學習的同儕教學所達到的學習成果高出另一組 13.4％。這種成效在比較學生雖然聽過教師的講解卻聽不太懂的狀況下，第二次的講解是要重新聽教師說明，還是要聽已經理解的同學說明時，出現顯著的差異。即使其他同學尚未深入理解課程內容，但由同學來說明時，第二次講解的效果反而更好。

　　如果光是將現實世界的關係和互動方式照樣搬到元宇宙裡，那麼元宇宙之於我們還有什麼意義呢？希望大家能在元宇宙裡認識許多螞蟻，也仔細傾聽副機長的意見。

3-6

21 世紀的哲基爾和海德*：
多重角色融合的現代人生

　　角色（persona）源自拉丁語，本來是指演員在演戲時使用的面具。人（person）和個性（personality）的詞源都是角色（persona）。從社會科學的層面來看，角色是指個人在群居社會中所展現出來的外在面貌。不論是誰，在獨處的時候、在家裡與家人相處的時候以及在外面進行社會活動的時候，所展現出來的面貌都會稍微有些不同。心理學家榮格（Carl Gustav Jung）將角色（persona）定義為「人格面具」，代表個人與社會達成一定程度的妥協後所呈現出來的結果，也就是

---

*源自英國作家羅伯特・路易斯・史蒂文生（Robert Lewis Balfour Stevenson）的著名小說《化身博士（*Strange Case of Dr Jekyll and Mr Hyde*）》，書中主角亨利・哲基爾博士喝了自己調配出來的藥後，分裂出邪惡的海德先生人格。由於該書故事內容讓人印象深刻，故「哲基爾和海德（Jekyll and Hyde）」一詞變成心理學「雙重人格」的代名詞。

介於自己的原來面貌和社會所期待的面貌這兩者之間的某個中間值。那麼你在現實社會中的模樣，以及你在生活日誌化元宇宙——社群媒體——中活動的模樣，幾乎是同一個嗎？還是有很大的差異呢？

我每年都會以我們學校的學生為對象，進行兩次時長 2 小時的「煩惱音樂會」。通常會有 200-300 名學生參與。第一年舉辦講座的時候，我大約花了 10 分鐘開場，接著便要求學生說出他們的煩惱，鼓勵他們在課堂上發問。當時我打算像那些出演電視節目的有名藝人或宗教人士那樣，直接在現場進行問答。這麼做的結果如何呢？在那麼多的學生中，沒有任何一個人願意開口。最終我只好從平常學生寄給我的面談電子郵件中，選出最常見的幾個問題來進行演講。從第二次演講一開始我就在講台前方設置一個大型螢幕，上面顯示的是通訊軟體的開放聊天室。我請有興趣的學生自行加入聊天室，還特別吩咐他們不要用本名，而是改用暱稱加入後在聊天室裡輸入他們的煩惱。另外，當部分學生在輸入煩惱時，其他沒有東西要輸入的學生如果光是呆坐在位置上，一旁正在輸入訊息的學生可能會很尷尬，所以我吩咐其他學生在那 5 分鐘的時間做點別的事，像是用手機看一下社群媒體之類的。這麼做之後，總共有多少個煩惱傳到聊天室裡呢？

每次舉辦這種講座時，瞬間就會有 40-50 個煩惱傳到聊天室裡。我從學生上傳的煩惱中挑出一些重複的來回應，2 個小時很快就過去了。今年的講座我改用 YouTube 進行。進行的方式很類似──先讓學生用暱稱登入後在聊天室裡上傳煩惱，接著我再給予回應。不過，先前學生是齊聚在大講堂、在同一個物理空間使用開放聊天室互動，這回學生則沒有待在同一個物理空間，僅僅透過 YouTube 的聊天室來互動，兩種進行方式不同，效果會相近嗎？結果使用 YouTube 聊天室時，學生反而更積極地參與互動。當我在回應某個煩惱時，其他學生也會同時將意見傳到聊天室裡，又或是針對同個煩惱追加提問。而且和在教室裡進行時相比，留言中有更多幽默的內容。我擔任教授一職已經超過 10 年，每年在教室裡遇見的學生基本上都沒有太大的差異。然而，在教室的開放聊天室和在 YouTube 聊天室裡遇見的兩群學生，卻帶給我非常不同的感受。YouTube 聊天室裡的學生更外向、更積極，而且也更幽默。

現今這個世上，一個人同時生活在現實世界和許多個元宇宙裡時，也會同時扮演各種不同的角色。家庭裡的我、職場裡的我、匿名社群媒體裡的我、線上遊戲裡的我等等，在各方面呈現出來的性格經常會不盡相同。有些人擔心這種多

重角色的扮演會導致人在各種不同狀況和元宇宙中呈現出不同的特質傾向，進而對個人原有的人格養成造成不良的影響。他們擔心關於「我是誰、我是什麼樣的人」這類的自我定位會產生分裂而遭到摧毀。甚至還有人批評這是數位世界產出的多重人格，但這其實和解離性身分障礙（Dissociative Identity Disorder）所指的多重人格症狀有相當大的差異。罹患解離性身分障礙的患者會根據不同的情況表現出多個互相衝突的人格。問題是，某個人格出現後所採取的行動和記憶，大多不會和其他人格共享，而且在多個人格中，經常會出現帶有極端暴力傾向的人格。然而，並非因為一個人在多個元宇宙中稍微表現出不同的人格傾向，就代表那個人罹患了這種精神疾病。

你在多個元宇宙中表現出來的不同面貌，全部融合起來後就是你這個人真正的面貌。在教室裡時感到害羞的你、在開放聊天室裡真心吐露煩惱的你、在 YouTube 聊天室裡向上傳煩惱的陌生同學說句安慰話的你，這些全部都是你。

這種多重角色在現今時代反而成為了社會關注的焦點。最近，演藝人員金信英＊的二阿姨金多菲──現為韓國演歌

＊韓國喜劇演員，出道於 2003 年。

歌手——成為了話題的中心。她是一位七十多歲的女性（人物設定為 1945 年生），穿著在望遠市場★購入的紅色高爾夫球裝，帶著只有邊框沒有鏡片的粗框眼鏡，但其實她是虛構的人物。金多菲是金信英的分身角色（輔助角色），也就是她的多重角色之一。饒舌歌手 Mad Clown 打造出來的媽咪手（Mommy Son）✚、演藝人員劉在錫打造出來的溜三絲✦等，都是同一個脈絡。在多個元宇宙中扮演多重角色的現代人，熱衷於那些在節目中公開登場的多重角色和分身角色。將來各大企業必須多多關注這類多重角色。一般來說，企業會在產品開發、行銷和販售時，會將購買產品或服務的消費者特性定義成一個明確的角色，然後再仔細檢視自家的商品有多符合該角色的喜好。舉例來說，假設現在某企業新推出一款用機能性布料製作的高價運動服，那麼他們通常會將該產品主要消費者群的代表性年齡、性別、職業、所得、生活習慣和個性等拿來製成幾個假想人物，然後仔細研究公司的產品

★位於首爾麻浦區的傳統市場。

✚Mad Clown 本名為趙東林，於 2013 年出道的韓國饒舌歌手，Mommy Son 是他的分身角色，一個帶著粉紅色面具的饒舌歌手。

✦ 劉在錫為韓國著名的綜藝節目主持人，有「國民 MC」的美譽，溜三絲為他在節目《玩什麼好呢？》中打造出來的分身角色，職業為韓國演歌歌手。

該如何製作才能更吸引那些假想的消費者。不過,現在光是一個人就扮演了多重角色。一個人在上班時、休假時、於社群媒體元宇宙中遊玩時,都會展現出不同的角色人格,所以即使是一套運動服,也需要考慮同個人物可能會呈現出不同的角色特質,然後擬定出相關的產品策略才行。

3-7

在元宇宙中不會落單：
社群媒體的黑暗效應

　　除非你下定決心要特立獨行，不然在元宇宙中落單的可能性真的微乎其微。比起現實世界，我們在元宇宙中更容易變得親近。為什麼呢？在咖啡廳或喝酒地方經常都會將燈光調暗。人在陰暗的地方和他人見面時看不清對方的表情，所以警戒心會下降。通常會往對自己有利的方向來解釋對方的反應，輕易就拉近與對方的距離。這種特性稱作「黑暗效應（dark effect）」。在社群媒體元宇宙中，也有與現實世界類似的黑暗效應。一般人的大頭貼通常都是正在笑的照片，或是天氣晴朗的風景照。而且別人傳給你的表情符號大多也都是傳遞正向的氣氛。因此，在社群媒體元宇宙中，人們傾向用對自己有利的角度來理解他人對自己的情感。由於在元宇宙中認識的人習慣以這樣的視角來看待彼此，所以想要落單

是相當不容易的。

　　長期以來都在社群媒體元宇宙中見面的人，在現實世界中初次見面時，通常會有什麼樣的感覺？想必會覺得彼此就像是認識很久、已經在現實世界中見過好幾次面的人。這有兩個原因。第一，因為是在發揮黑暗效應的元宇宙中互相認識的關係，所以會覺得對方在現實世界裡也和自己很親近。第二，單純曝光效應造成親密度上的認知錯覺。雪梨大學（University of Sydney）的馬歇爾（Marshall Dalton）教授針對人們的偏好度做了一項實驗。研究人員事先準備了好幾張照片，並讓受試者長時間觀看其中幾張照片。之後再將受試者看過的照片和沒看過的照片混在一起，隨機挑照片展示給受試者看並記錄受試者對每張照片的喜好程度。實驗結果顯示，受試者更喜歡先前研究人員強行讓他們長時間觀看的照片。心理學家查瓊克（Robert Zajonc）也做了類似的實驗。研究人員在沒有說明意思的狀況下，重複將幾個漢字展示給美國的大學生看。等學生看了許多次之後，又在已經展示過的漢字中混入他們沒看過的漢字，然後再次展示出來讓學生猜測每個漢字個別的含義。學生大多都認為研究人員展示過許多次的漢字帶有正向的意義。在社群媒體元宇宙中，我們時常會迅速且重複地瀏覽他人的照片、名字和文字。也就是說，

即使沒有仔細地看，那些內容的曝光頻率對我們來說還是會持續提高。因此，如同上述馬歇爾和查瓊克的實驗結果所呈現的，我們對他人的好感會在不知不覺中上升。黑暗效應和單純曝光效應導致人們在初次見面時就覺得彼此很靠近，不曉得各位對這種現象有什麼樣的看法？雖然這能避免我們在心裡築起高牆，但有一點切勿忘記，那就是你在元宇宙裡認識的他，可能會與現實中的他有些不同。

3-8

從《人間劇場》
到《我獨自生活》

電視節目的壽命週期為了迎合變化快速的大眾口味，已經縮短至幾個月，但在這樣的時代中，卻有壽命長達 20 年的節目。KBS 製作的《人間劇場》從 2000 年 5 月 1 日初次播放以來，至今已經超過了 20 年。它的祕訣是什麼呢？電視台對外公告的節目製作宗旨如下：

「邀請您到猶如電視劇一般的人生舞台上。普通人的特別故事，特別人的平凡故事，也就是街坊鄰舍的故事。本節目將這些故事從波濤洶湧的人生大海中打撈上來，展示在大眾面前。近身採訪普通人的真實生活後製成人物紀錄片。拓寬你對他人生活的理解，替你製造反省生活的契機。」

這段文字非常清楚地說明了該節目的定位。登場人物包含普通人和特別的人（藝人、政治人物等名人），探討的內容

主要為那些人的日常生活，而企劃目標在於增進對他人生活的理解以及對自身生活的反省。

如果你有看過《人間劇場》，不曉得你覺得這個節目比較接近紀錄片還是綜藝節目？最近的綜藝節目的特色是大量套用華麗的字幕和音效，但《人間劇場》只有在說不清楚的部分才添加字幕，而且節目中也完全不穿插音效，就這種編輯特色來看，應該是更接近於紀錄片。不過，它又不像紀錄片那樣主題鮮明，也不會在呈現內容時加以分析或整理。《人間劇場》可以說是用電視節目的型態來呈現生活日誌化的案例。但由於它採用的不是元宇宙運作的那種模式，所以提供生活日誌的人和收看日誌的人並沒有辦法和彼此互動。

MBC 的綜藝節目《我獨自生活》——從 2013 年啟播至今長達 7 年的節目——所呈現的人間劇場是以名人作為主角。若說《人間劇場》既不是綜藝節目，也不是紀錄片，那麼《我獨自生活》則可歸類為綜藝節目。因為其中包含了音效、華麗的字幕和演出人員刻意設計的內容。《我獨自生活》還因為定期的 PPL（Product Placement Advertisement，置入性行銷：電視節目接受特定企業的贊助後，在節目中曝光該企業的品牌商標或是將該企業的商品作為節目道具，藉此達到廣告效果）而備受爭議。某位曾活躍於 1990 年代的偶像團體成員，曾經主

動表示自己有意願出演《我獨自生活》。但他不想公開自己真正的住家，所以想去租個套房，讓節目製作組拍攝他在套房裡的生活，結果被製作團隊半開玩笑地罵了幾句。觀眾收看《我獨自生活》所呈現的名人日常時，很難區分其中有哪些是他們平時的生活，而有哪些又是加工過的。

《人間劇場》和《我獨自生活》這兩個節目的收視率都高達 10%。這就代表大眾對於他人的生活日常抱有極大的關心。除了《人間劇場》和《我獨自生活》，還有《On & Off》＊和《不能成為 1 號》★等觀察型綜藝節目，也是以節目型態來呈現生活日誌化的案例。然而，這種型態的節目只能由節目主角單方面地展示生活日誌，沒辦法即時和他人針對日誌內容進行討論和交流，所以尚不能稱作元宇宙。

分享個人故事的元宇宙：
作業不用寫，Vlog 一定要拍

影片「video」和部落格「blog」這兩個詞彙合併後誕生出來的概念就是「Vlog」，意思是將自己的日常拍攝成影片後，分享至 YouTube、Instagram 和 Facebook 等社群媒體上。1993 年英國 BBC 電視台的節目《影片國度（*Video Nation*）》會播放觀眾自行拍攝後寄來的日常影片，聽說這就是史上最初的 Vlog。Vlog 像現在這樣開始在大眾之間廣為流傳的時期，約為 2015、2016 年之後。那時網速急劇加快，而且不需特別使用相機，只用手機也能輕鬆拍出好看的影片，於是 Vlog 的文化便迅速地流傳開來。

在職場工作的模樣、在閱覽室坐著連讀 5 個小時書的模樣、在餐廳吃飯的模樣，另外還有旅行的模樣等等，若是以前，還會覺得那種沒什麼特別內容的影片究竟是誰會看，但

現在以這些內容為主題的影片正在快速增加。與 2018 年相比，YouTube 用戶在 2019 年搜尋 Vlog 的次數增加了 20 倍以上。在 15-64 歲的人當中，有 45% 的人都在拍攝記錄自己日常的影片，而其中 20-30 歲的年輕族群，有相當高的比例會將這些影片上傳至社群媒體。

哈佛大學傑森・米歇爾（Jason Mitchell）教授以「人們想談論些什麼」為主題進行了一項實驗。舉例來說，他預備了以下三個類型的問題。

1) 關於個人的問題：

「你喜歡什麼樣的音樂？為什麼喜歡？」

2) 關於他人的問題：

「你覺得金相均教授喜歡什麼樣的音樂？」

3) 關於知識的問題：

「你知道今年下載量最多的音樂是哪首嗎？」

在該實驗中，研究人員要求受試者選擇自己最想回答的問題。根據所選的問題，能得到的分數也不同。雖然當受試者選擇與自己相關的第一個問題時，能得到的分數最少，但還是最多人選擇第一個問題。我們在職場上大多都在談論客

戶以及競爭業者和產業的相關話題。在學校則是談論被整理成理論的知識和歷史事實等內容。雖然現代人談論的內容很多，但意外的是，大家都沒什麼機會談論關於自己的話題。不過，我們其實都很想講講自己的事情。我想大概就是因為這樣，分享個人故事的 Vlog 元宇宙才會高速成長。

隨著拍攝 Vlog 的時空範圍變得越來越廣，關於 Vlog 的種種問題也越常被拿出來討論。第一，在戶外拍攝 Vlog 時，即使以自己為中心來拍攝影片，背景還是會拍到其他人的模樣。這會侵害到他人的肖像權，而且還會在無意間公開他人的私生活。第二，在職場拍攝工作 Vlog 時，可能會在曝光工作內容的過程中，對外流出企業的商業機密。另外，明明是在職場領薪水工作的時間，卻將那時間從事的活動內容記錄下來分享至個人的社群媒體，這可以說是假公濟私。第三，可能會侵害到他人的自由以及財產權。拍攝 Vlog 的行為並非為了公眾利益。然而，有些人在圖書館、餐廳等公共場所拍攝 Vlog 時，卻會為了確保有足夠的空間可以拍攝而霸占許多位置，以致於妨礙他人通行。第四，將 Vlog 分享至社群媒體來賺取收益時，可能會違反禁止兼職的規定。國小教師李炫志（이현지）在 YouTube 上經營名為「달지（dalzi）」的頻道，她把在教室裡念 Rap 的影片上傳至 YouTube 後，變身為饒舌

教師，受到大眾的關注。該影片的觀看次數已經超過 300 萬次。除了李炫志之外，也有許多教師上傳自己的 Vlog。部分人士看到這樣的狀況後，在青瓦台國民請願留言板＊上發起請願，指出教師透過 YouTube 賺取收益的行為違反禁止兼職條例，要求政府予以處分。即使李炫志出面解釋自己並沒有賺取收益，大眾仍持續提出反駁意見，主張兼職本身就是違反規定。這場爭議最後促使教育部擬定「教職員從事 YouTube 活動方針」，將方向引導至鼓勵教師從事與教育相關的 YouTube 活動。不過，倘若發生賺取收益的狀況，教師就必須獲得兼職許可。以非公務員的一般企業員工為例時，各個企業的立場都不盡相同。有些企業嚴格禁止員工從事會賺取收益的兼職活動，但有些企業——像是愛茉莉太平洋集團（Amore Pacific）和 LG 電子等——不會干涉員工從事拍攝 Vlog 的活動。根據勞基法的規定，就算員工透過 Vlog 賺取收益，基本上也不會構成什麼問題。若沒有因為拍攝 Vlog 而疏忽本業，或是流出與業務相關的內容，導致商業機密外

＊為韓國前總統文在寅於 2017 年 8 月上任百日後，在青瓦台，也就是韓國總統府官方網站上設立「青瓦台國民請願留言板」，開放民眾自由請願。一個月內連署若達 20 萬人，韓國青瓦台政府就必須在 60 日內作出正式回應。

洩，基本上企業並沒有什麼根據能提出異議。最後還有一點是關於倫理及禮儀的問題。曾經發生過孫子在爺爺的喪禮上拍攝 Vlog，結果被家人責備、趕出現場的事件。孫子聲稱他是為了獨自珍藏送爺爺最後一程的回憶，才拍攝影片來留下紀錄，並沒有想到留下紀錄的舉動是不禮貌的行為。此事件經由媒體報導後，有許多人都在網路上留言表示，在喪禮上拍攝 Vlog 的行為「越線了」。然而，這裡有個部分不禁讓人感到好奇。那就是，人們所認為的界線究竟到哪裡？另外，那個界線的基準往後又會如何改變？我保守地推測，未來人們分享的 Vlog 內容將會比現在還要更豐富且多樣。

我們為什麼那麼勤勞地搜尋他人分享的生活紀錄？為什麼那麼積極地留下意見呢？第一，想獲得資訊。人們很好奇自己想就職的公司的員工都在做什麼樣的工作；自己想就讀的大學的學生又在度過什麼樣的生活。第二，替代性滿足。看著別人從事自己既好奇又嚮往，卻很難親自體驗的活動時，會猶如在照鏡子一般得到滿足。第三，為了得到共鳴並與人互動。因為人們想確認自己不是一個人，而且也期盼能和某個人在情感上產生連結。實際上，寂寞的情緒與 Vlog 的收視率有相當密切的關係。表明自己經常覺得寂寞的人當中，有 48.6% 的人在收看 Vlog；表明自己不常感到寂寞的人

當中，有40.4%的人在收看Vlog。也就是說，越是覺得寂寞，對他人的 Vlog 就越感興趣。

我們正在生活日誌化的元宇宙中，詳細記錄自己的日常生活。如果有人回應你以前上傳的日常紀錄，你就會再次看到那則紀錄。而你回應他人日常紀錄的行為，也會使那人的紀錄和記憶變得更為確實且穩固。我認為記住生活並回顧的這過程相當重要。不過，同時我也在擔心，生活日誌化是否侵犯了忘卻的領域。德國的哲學家尼采（Friedrich Nietzsche）指出，對富有創造力的人類而言，與「想起」和「記憶」相比，「忘卻」更為重要。他主張忘卻是一種短暫地以主動且積極的方式關閉自身意志的攔阻能力。他說這是為了創造出更高層次的新事物，而短暫地將自己的意識變成白紙的狀態。然而，說不定 Vlog 正將人們帶往相反的方向，完全與這類忘卻、主動白紙化的機制背道而馳。因為我們正無止境地記錄日常生活，重新拿出來看，而且還用他人的日常來填滿意識中的空缺。雖然分享資訊、替代經歷、溫暖的共鳴和互動等帶給我們安慰，但我們也不能忘記尼采的建議，因為那的確點出了忘卻之於人類的意義。

3-10

Facebook 和 YouTube 的興盛 vs. Cyworld 的倒台

　　現在提到社群媒體服務時，你通常會最先想到什麼？想必會根據年齡層和偏好程度分別想到 NAVER 部落格、Daum 部 落 格、Facebook、Instagram、Tumblr、BAND、Vingle、LinkedIn、Twitter、KakaoStory 等各式各樣的平台。

　　那麼 Geocities、theGlobe 和 Tripod 呢？應該幾乎沒有人聽過。這些是 1995 年、1996 年左右出現的社群媒體服務。雖然後來還陸續出現了 Six Degrees（1997 年）、Makeoutclub（2000 年）、Hub Culture（2002 年）等各式各樣的社群網站，但幾乎沒有人記得它們的存在。這種服務的特徵在於，它們都得使用電腦和有線網路來連接，而不是透過智慧型手機和無線網路。

　　1999 年，Cyworld 在韓國誕生了。雖然一開始沒有引起

很大的迴響，但自從 FreeChal（門戶、社群網站）於 2002 年起採部分收費制後，許多用戶便轉移到 Cyworld。Cyworld 的代表性服務——迷你小窩（minihompy）——具備社群媒體的特性。迷你小窩雖然和網路的個人首頁很相似，但在裝飾和管理方面容易許多。Cyworld 裡會使用名為「橡實果*」的虛擬貨幣。用戶可以使用橡實果在 Cyworld 購買商品來裝扮自己的角色和迷你小窩。迷你小窩的壁紙（背景畫面）、背景音樂、字體等都能購買，而這些項目大多都有使用期限，所以用戶必須持續支付橡實果才能繼續使用。隨著 Facebook 開始在韓國流行，Cyworld 的用戶也在 2010 年後大幅減少，現在已經停止服務了。

　　是什麼原因導致 Cyworld 消失，促使 Facebook 急速成長呢？以下有幾個值得探究的因素。第一，容易上手。Cyworld 基本上都要用電腦登入。然而，2007 年 iPhone 上市之後，比起打開電腦登入社群媒體，使用智慧型手機快速登入社群媒體的方式變得相當普及。Facebook 提供了便利又親民的使用方式，讓用戶透過智慧型手機登入，但 Cyworld 並沒有迅速支援這項服務。第二，簡單的使用者介面。與傳統的網頁

---

*台灣多翻譯成松果，但韓文實際上是橡實果，這是兩種不同的果實。

相比，Cyworld 的操作介面已經算是比較單純且容易使用的了，但 Facebook 的界面更加簡潔且直覺。與 Facebook 比起來，Cyworld 的 UI（User Interface，使用者介面）提供了更多功能，看起來更為複雜。第三、平台特性。Cyworld 以橡實果機制為基礎，限制用戶只能購買它們自家的產品。就這點來看，Cyworld 可以分成「經營的企業」以及「消費者」這兩個群體。不過，Facebook 讓「vonvon 測驗」這類外部的服務很自然地嵌入 Facebook 裡。

另外，Facebook 的用戶還可以用他們的帳號登入外部的服務，輕鬆地連結到各式各樣的網站和應用程式。Facebook 就像這樣對許多企業敞開大門。如此一來，用戶不僅是在 Facebook 這個平台上建立朋友圈、與朋友互動，還能輕鬆地透過 Facebook 使用各式各樣的網站和應用程式服務。舉例來說，將超級細胞（Supercell）*旗下的遊戲《部落衝突》（Clash of clans）綁定 Facebook 帳號後，就能和 Facebook 好友一起玩遊戲。而且不只這樣，Facebook 還推出行銷用的粉絲專頁服務供企業和組織使用，大幅擴張了平台的活用範圍。也就是

*一家成立於 2010 年，總部位於芬蘭赫爾辛基的電子遊戲開發商。

說，不只一般的用戶會使用 Facebook，各式各樣的企業為了連結消費者用戶來拓寬商業版圖，也都紛紛加入 Facebook。因此，Facebook 逐漸進化成更龐大的平台。簡單來說，Cyworld 企圖自己掌控平台內部的生態，而 Facebook 則對使用者和企業雙方都敞開大門，藉此擴張了版圖。

若希望以生活日誌化為基礎的社群媒體元宇宙能更加成長，就必須讓人們容易接觸到，而且還要能輕鬆上手，不需耗費精神熟悉複雜的介面，同時也要對外敞開大門，讓各式各樣的人和企業都能融入在元宇宙中。

3-11

社群媒體的可控制性：
我隨時都能把你刪掉！

　　各位在使用 Facebookc 和 Instagram 時，想必都會遇到看不順眼的朋友。帶有特定政治傾向或強迫他人信教的貼文、明擺著在批評某人的貼文、內容不實的炫耀貼文等，有時會讓我們很不舒服。看到這種貼文時，偶爾會想：「這次要不要刪除這個好友？」即使沒有一次就刪除，等到不愉快的情緒爆發出來時，還是會按下「刪除好友」的按鍵。

　　不過，在現實世界中，當你的朋友或同事說了讓你不舒服的話時，你會產生什麼樣的想法？「他說的話讓我很不舒服，我要不要和他斷絕往來？」比起這種想法，更多應該是「雖然很不舒服，但還是得忍耐，不然能怎麼辦？」

　　與現實世界不同的是，我們能在社群媒體元宇宙的人際關係和互動模式中，感受到可控制性（controllability）。在社

群媒體中，人們所具備的可控性很強，看見討厭的貼文和討厭的人時，往往會產生「只要我想，隨時都能阻斷」的念頭。然而，在現實世界中，人們很難感受到這種可控性。在社群媒體和現實世界中同樣看到討人厭的貼文、遇到討厭的人時，雖然現實世界中的我心裡會覺得非常不舒服，但社群媒體元宇宙中的我卻擁有可控性，因著「只要我按下按鈕，隨時都能把他刪掉」的想法而找到內心的和平，這稱為可控制性效果。兩種狀況差異在於，在現實世界裡遇到不愉快的事情時，無條件只能忍耐，而在社群媒體元宇宙裡時，當下雖然忍住，但之後只要自己願意，任何時候都能中斷關係。看見人們倚靠可控性效果，在元宇宙裡感受內心的平靜時，我不禁想，生活在這時代的我們所背負的現實人際關係是不是太過沉重了？

　　觀察元宇宙時會發現，可控性效果被運用在很特別的地方。像 Instagram 一類的社群媒體，一名用戶可以同時經營多個帳號，而且通常每個帳號的用途都不相同。以大學生為例，可能會有一個帳號專門用來上傳在學校讀書的內容，一個帳號用來分享日常生活，而另一個帳號則用來儲存和男女朋友之間的戀愛紀錄，如此按照不同的用途分成多個帳號來經營。儲存戀愛紀錄的帳號可能只會開放給男女朋友，又或

是三個帳號全都設為公開。但如果儲存戀愛紀錄的帳號也設為公開，又為什麼要特意分成多個帳號來經營呢？雖然可能還會有其他理由，但大多是因為和男女朋友分手時，輕易就能批量刪除和那個人之間的所有紀錄，或是把帳號改成非公開，不讓其他人閱覽。人們平常雖然輕鬆地記錄自己的生活，毫無顧忌地跟許多人分享，但只要一不如意，就會刪除紀錄、關閉分享，這就是生活日誌化元宇宙的文化。能像這樣隨心所欲地記錄並分享，雖然很方便也讓人安心，但希望大家偶爾還是能仔細想想自己是否太過輕視人際關係的重量了。

3-12

吃下全世界運動大數據的 Nike 元宇宙

Nike 在 2006 年和蘋果聯手推出 Nike+ 的服務。跑步時只要將 Nike 感測器貼在鞋子上，跑步紀錄就會同步到蘋果的 iPod 上，之後只要將 iPod 連接電腦並上傳紀錄，就能和其他朋友互相比較跑步的成績。

2012 年 Nike 推出了一款名為 Nike+ Fuelband 的手環裝置。即使沒有特別做什麼運動，只要戴著手環，系統就會告知使用者在日常生活中消耗了多少卡路里，並將消耗的卡路里換算成 Nike Fuel 的點數。Nike 並不是要透過 Nike+ 和 Nike+ Fuelband 來增加硬體設備的銷量，而是想掌握大量消費者的資訊，了解人們如何運動、在什麼時候活動了多少，藉此提高對既有運動用品的需求。

不過，Nike 終究還是放棄了這種用硬體設備來搜集消費

者運動紀錄的策略。許多競爭企業相繼開發出配戴在身上管理運動紀錄的穿戴式裝置（wearable device），導致消費者流向各個不同品牌。因此，他們判斷往後很難透過消費者額外購入穿戴式裝置的方法來獲得大量的運動紀錄。

Nike 更換策略，決定不再以硬體設備為主，而是改以應用程式作為基礎，更快速且輕鬆地吸引消費者沉浸於它們打造出來的運動元宇宙。經歷幾次改版後，Nike 目前還在營運的服務主要有兩種：分別是為了跑步設計的應用程式「Nike Run Club」*和管理綜合運動項目的應用程式「Nike Training Club」。在 Nike Run Club 中，用戶可以將自己跑步的路線和紀錄分享至社群媒體，和朋友互相鼓勵或競爭。而在 Nike Training Club 中，用戶能跟著做明星運動員的訓練菜單，也能將自己完成的訓練記錄分享至社群媒體。

在零接觸盛行的狀況下，人們無法聚集在同個物理空間一起運動，於是 Nike Run Club 和 Nike Training Club 的用戶正在大幅增加。從 Nike+ 開始打造的運動元宇宙，正在將全世界的人拉進 Nike 的世界裡。憑靠這種元宇宙的幫助，Nike

---

＊原文使用 Nike+ Running，但目前 Nike 的跑步應用程式已整合為 Nike Run Club。

持有的使用者詳細運動紀錄，比世界上任何企業或研究中心都還要多。在 Nike 元宇宙擴張的同時，Nike 的企業價值也呈現穩定成長。Nike 的市值破 1600 億美元（截至 2020 年 9 月為止），而且最近 5 年成長了將近兩倍，大幅領先 adidas 的 560 億美元市值。隨著 Nike 運動元宇宙的成長，Nike 將會更深入了解到，人們在現實世界中是如何活動、如何運動的，而且現實世界中的 Nike 企業價值也會持續穩定成長。

3-13

元宇宙的未來和陰暗面 #2：
YouTube 之後是 ViewTube

接下來我想向各位展示名為「ViewTube」的元宇宙。這個元宇宙實際上並不存在，它是在我執筆的短篇小說裡登場的其中一個元宇宙。ViewTube 將會是 YouTube 生活日誌化接下來要發展的眾多方向之一。希望各位能讀得開心，同時也發揮智人的想像力，思考看看生活日誌化元宇宙會引發什麼問題，還有各位所期待的生活日誌化元宇宙是什麼模樣，而在未來又會出現什麼樣的生活日誌化元宇宙。順帶一提，在以下故事中出現的 ViewTube 專用 view sender（發送器）裝置，我已經通過專利申請，正式取得專利權。

他人的視角 by 金相均

發表於 2020 年 6 月 14 日

金智秀（主持人，以下稱「金」）：各位觀眾大家好，這裡是《10
　　分鐘熱烈討論》。我是主持人金智秀。首先來為各位介
　　紹今天的來賓。在我右邊的是媒體評論家閔舒真博士，
　　在我左邊的是 ViewTube 的朴延宇理事，他旁邊則是目
　　前還是大學生的 ViewTube 愛好者姜喜洙。

閔舒真（以下稱「閔」）、朴延宇（以下稱「朴」）、姜喜洙（以
　　下稱「姜」）：大家好，很開心見到各位。

金：大家都知道，YouTube 的時代已經過去，現在是
　　ViewTube 的時代。最近也出現許多相關報導。不過還是
　　有些長輩比起 ViewTube，更熟悉 YouTube，所以可以請
　　朴理事先簡短地介紹一下 ViewTube 嗎？

朴：ViewTube 就字面上的意思來看，是指從他人的 view，亦
　　即從他人的視角來窺探的服務。近期 ViewTube 上最受
　　歡迎的就是約會給人看的 view creator（影片創作者）。
　　舉例來說，某位男性 view creator 的觀眾——也就是
　　viewer——能看見並聽見他和某位女性約會的模樣以及
　　過程中的聲音，而且那就像是直接透過他的雙眼和雙耳

看見並聽見一樣。

金：是的，沒錯。所以 ViewTube 的基本設備就是這邊這個
view creator 用的 view sender（發送器）和 viewer 用的 view
receiver（接收器）。view sender 的造型很像眼鏡，而 view
receiver 的造型則像是 VR 護目鏡。像這類 ViewTube 用的
發送器和接收器在市面上已經有數十種不同的款式了。
不過，這種服務最早是怎麼從 ViewTube 開發出來的呢？

閔：很多人都誤以為 ViewTube 的起源是來自現在的
ViewTube 平台，但其實 ViewTube 最一開始是由金相均
設計的穿戴裝置發展出來的。我有把金教授取得專利的
初代 ViewTube 用 view sender 的照片帶過來。雖然造型不
如現在的款式有設計感，但 ViewTube 正是從這個裝置開
始的。位於眼睛前方的相機可以將雙眼看見的畫面錄製
成立體影像，而掛在兩邊耳朵上的麥克風則能收到立體
的音效。另外，它還能感測到拍攝者的震動。所以 view
sender 可以將拍攝者看到的影像、聽見的聲音和感受到
的震動全都以立體的形式即時傳送給遠處的 viewer。

朴：是的。因此，ViewTube 的起點大概就是從我們買下這個
裝置的專利開始。

金：一開始上傳至 ViewTube 的內容主要都是些什麼呢？

姜：我從 ViewTube 草創期開始就一直有在收看。在草創期大多都是由國內偶像團體的成員來擔任 view creator 的角色，他們會配戴 view sender 在舞台上表演。我一開始會註冊 ViewTube，也是在追女子團體時，很好奇她們在舞台上會看見什麼、聽見什麼，才開始使用 ViewTube 的。

金：原來是這樣。我也有用 view receiver 看過幾個偶像團體 view creator 製作的影片。真的很神奇又有趣耶！不過最近比起偶像團體，好像有更多普通人 view creator 在活動，對吧？

朴：對啊！最早是由藝人即時送出並販售他們的視角，後來體育明星也開始加入 view creator 的行列。有很多用戶都是為了看歐洲足球聯賽選手的影片才購買 view receiver 的。不過就像剛剛我舉的例子，現在一般人即時上傳至 ViewTube 的影片種類多到數不清，包含約會、職場生活、休閒娛樂、日常生活等等，幾乎各個領域的視角都有。

金：所有內容都可以傳送出去。正是因為這點，有許多人對於 ViewTube 的成長感到擔心。請問關於這部分您是怎麼看的？

閔：是的，最近有一個 view creator 在經營名為《隱密的視線》

的頻道，引起了很大的爭議。他製作的影片大多都是在夜店、咖啡廳或大眾交通工具上偷窺女性的影片。

金：偷窺造成了什麼問題呢？

閔：這頻道的名稱本身就有點那個，再加上創造者本身有窺淫癖的傾向。當然他不是直接盯著別人看，也不是偷看別人的內衣。他只是上傳街頭的風景罷了，所以這部分的界線有些模糊。

朴：在開放的空間使用自己的眼睛和耳朵來看東西或聽東西，很難說有侵犯到他人的權利。

閔：欸，不太對吧！他上傳了啊！那麼就會有人用 view receiver 來看。

朴：正如大家所知道的，ViewTube 在技術方面完全阻斷了用戶違法儲存影像和音訊的可能性。所以說……

金：不好意思，這個部分我們先不討論。我有件事很想問姜喜洙同學。大學生使用 ViewTube 時間通常是多久呢？

姜：就我週遭朋友的狀況來看，一天大概都會使用 6-7 小時。我那些朋友比起看藝人或體育明星的影片，更喜歡看一般人製作的影片。

金：一天看 6-7 小時的話，等於是扣掉睡覺、上課或讀書的時間，幾乎除了吃飯之外都在看 ViewTube 囉？

閔：這就是問題。現在的世代逐漸轉變成不用自己的眼睛，而是借用別人的視角來看這個世界。並不是只要用眼睛看，就都是自己親眼看到的⋯⋯

金：啊，不好意思打斷您。10 分鐘已經到了。就像往常一樣，我們要在 10 分鐘內結束話題，所以今天就談到這裡。以上是《10 分鐘熱烈討論》，我是主持人金智秀。

〈攝影機 Off〉

金、閔、朴、姜：大家辛苦了。

金：咦？等一下。閔博士您現在戴著的是 view sender 吧？您戴著 view sender 上節目嗎？我不是已經告知過您節目中禁止配戴 view sender 了嗎？唉，您真是的。

閔：啊，再怎麼說我也是有粉絲的人，抱歉。

3-14

元宇宙的未來和陰暗面 #3：
大腦之旅

　　接下來我想向各位展示名為「大腦之旅」的元宇宙。這個元宇宙實際上並不存在，它是在我執筆的短篇小說裡登場的其中一個元宇宙。2020 年 8 月 Neuralink（特斯拉的創辦人伊隆・馬斯克〔Elon Musk〕於 2016 年創立的企業）對外公開了腦中植入電極晶片的小豬。他們在 Youtube 上向大眾展示腦中植入電極晶片長 2 個月的小豬「葛促德（Gertrude）」。馬斯克創立的 Neuralink 正在開發能將人類的大腦連上電腦，並直接用電腦讀取人類想法的技術。植入葛促德腦中的晶片「Link 0.9」長 23mm、寬 8mm，形狀猶如銅板。Link 0.9 支援無線充電技術，並以 10Mbps 的速度無線傳送腦波。每當葛促德用鼻子嗅聞味道時，被激活的腦波信號就會顯示在電腦上。Neuralink 正計劃將晶片植入人類的大腦。說不定以下

小說中提到的大腦之旅所採用的技術，總有一天會在現實生活中實現，所以此時我們有必要先取得社會共識，界定出哪些內容可以透過生活日誌化記錄並分享，而哪些又不適合。

∙∙

大腦之旅 by 金相均

發表於 2020 年 6 月 19 日

「時祐啊，我們趁這次機會撈一筆，然後就收手吧！」

「就跟你說我不要了！我難道會放任別人在我的大腦裡面到處亂逛嗎？」

「我本來真的不想跟你說這個的，你現在都簽不到廣告合約，粉絲後援會的會員數也一直往下降。說實話，你也知道這次出的單曲反應不怎麼樣嘛！」

過氣偶像時祐和經紀公司代表正在對話，原本在一旁靜靜聽著的大腦之旅股份有限公司的鄭課長這時開了口：

「雖然你們代表應該已經跟你提過大略的收入，但我還是再整理一次給您聽好了。能通行 1 小時的金等旅行券每張

賣 29 萬元，每小時會賣給 50 個人，每天睡 8 小時，所以一天總共會賣給 400 個人。另外，30 分鐘的銀等旅行券每張賣 19 萬元，每小時會賣給 100 個人，每天睡 8 小時，所以一天總共會賣給 800 個人。像這樣在一個月中開放旅行，銷售額總共會有 80 億元左右。」

「就是這樣，時祐啊，80 億元我們和大腦之旅各分一半後，公司再分 10 億元，這樣你等於是一口氣就賺進 30 億元耶！哪裡有這種機會？你只要在一個月當中，每天舒服地睡滿 8 個小時就好了啊！」

大腦之旅的服務推出至今約滿一年，消費者可以在睡覺的時候登入某個人的大腦，一一探究他過去的記憶。考慮到被探究對象的身體健康，最多只會同時開放 100 個人登入，而這個旅程一天能進行 8 個小時。通常會販售兩種旅行券，一種是能探險 1 個小時的金等旅行券，一種是能探險 30 分鐘的銀等旅行券。

「這就是問題！照你們那樣說，一天就會有 1200 人，一個月就會有 3 萬 6 千人在我的大腦裡翻來翻去，看遍我的記憶啊！」

「時祐啊⋯⋯好，你說的都沒錯。但是那又有什麼大不了的？你的個人資訊和日常生活本來就都透過觀察攝影機什

麼的全部都對粉絲公開了啊！在這狀況下，只是稍微再給大家看一下你的記憶，會有什麼關係嗎？你幹嘛這樣？」

「說得簡單，如果是你，難道能把自己的大腦公開給不認識的人看嗎？」

「喂！你怎麼這樣說話？難道我是覺得這樣很好才要求你做的嗎？而且不是還有那個什麼，記憶窗簾嗎？您說可以把部分記憶遮住，不讓別人看，對吧？請您說明一下那個功能。」

「好的，時祐一定會有不想給粉絲看到的記憶，那些部分可以用記憶窗簾來遮住。我來為你們說明一下，在準備大腦之旅的階段，我們會掃描時祐的大腦，只要在那時候專注思考與想隱藏起來的記憶相關的詞彙就可以了。簡單來說，我們會確認在那個當下出現反應的部位，然後阻止旅客接近那個區域。」

「了解了，所以時祐你上次不是爆發了吸毒的醜聞嗎？只要不讓粉絲把那部分的記憶翻出來看不就好了？」

「你在說什麼啊！我沒有吸毒，代表你也不相信我嗎？」

「不是啦，我不是那個意思……」

「像不久前在大腦之旅很受歡迎的女演員 J 某，就用記

憶窗簾遮住了關於父母的記憶。時祐也用這種方式來遮住記憶就行了。你遮住的內容具體是什麼我們也無法得知，所以請你放心。」

「對啊，時祐，我們就這麼做吧！這對你的健康也沒有影響嘛！你就趁這次機會還清所有債務，然後和我解約，自在地做你想做的音樂，這樣不是很好嗎？」

「……。」

一個月後

「代表，和我們預期的一樣，旅行券全都賣完了。」

「喔！太好了。話說，那個 VIP 旅行券……」

「那個部分您不用擔心。就像之前跟您報告過的，每張旅行券賣 2 億元，總共賣給了 10 個人。我們公司和代表您對半分，各自拿 10 億元。」

「哇！沒想到能賣出去耶！所以說有人為了看時祐的記憶看 1 個小時而花了 2 億元，沒錯吧？」

「嗯……，這部分我無法詳細跟您說明。不過連被記憶

窗簾遮住的部分都能偷偷地窺探，確實有很大的吸引力。所以我們才會就這部分和您私下簽署祕密合約。當然 VIP 旅行券百分之百只開放現金交易，購買票券的顧客和大腦之旅進行交易的事也會保密。如果不這麼做，不僅是我們，連那些顧客也會遇到麻煩。另外，還請您絕對不要跟時祐提到祕密合約的內容。」

「那當然。不過，聽說上次你提到的女演員 J 某的 VIP 旅行券賣得比較貴？」

「是的，當時競標後一張賣到 3 億元。」

「J 某隱瞞的到底是什麼……也是，我也不知道時祐隱瞞了什麼。」

「關於那個部分下週大腦之旅開始後就會知道了。就像一直以來進行的那樣，VIP 旅程我都會一起參與。」

鄭課長的眼角浮現了陰暗的冰冷笑意。

一個月後

「李代表，您有確認款項入帳了吧？現在都結束了

呢！」

「唉呀，謝謝您。托福，時祐和我都撈了一筆呢！」

這天晚上天空布滿厚重的雲朵，整個黑漆漆的，一點月光都沒有。在 45 樓的頂樓休息室裡，時祐經紀公司的李代表和大腦之旅的鄭課長正在做最後的問候。

「啊，課長，上次你提到的 VIP 之旅……」

「看來您還是挺好奇的，要我告訴您嗎？」

「（點頭）。」

鄭課長雙手抱胸，將身體埋入沙發深處。他稍微轉過頭，出神地望著窗外，開始講起 VIP 之旅，也就是時祐用記憶窗簾藏遮住的故事。

###

8 年前，時祐的出道舞台表現非常糟。或許是因為現場直播的壓力太大，好不容易獲得登上大舞台的機會，時祐的歌詞和舞蹈卻從頭到尾都無法連貫。在節目結束後的深夜，時祐、經紀公司的李代表和讓時祐登上出道舞台的電視台董

事長安美靜一起坐在江南的某家酒吧裡。

　　時祐喝下幾杯洋酒後就趴倒在桌上，看起來像是失去了意識。安董事長非常生氣。在一旁看董事長臉色的李代表瞥了一眼睡著的時祐，在安董事長面前跪了下來。安董事長放下原本翹著的二郎腿，彎下腰用力打了李代表好幾個巴掌。李代表兩邊的臉頰都變得又紅又腫。安董事長一臉輕蔑地把冰水潑到李代表的臉上。李代表彎下身在安董事長的腳跟前磕頭。沒過多久，安董事長收下李代表遞出的信封袋，放到手提包裡後離開了房間。李代表看著睡著的時祐深深地嘆一口氣，在他身旁坐了下來，將桌上的下酒菜——堅果和水果——塞進嘴裡。在忙得暈頭轉向的出道日，李代表到了晚上 10 點都還沒吃東西。

###

　　「唉，時祐是怎麼知道那件事的？當時他明明連續喝了幾杯安董事長那魔女給的洋酒就醉倒了啊！」

　　「這就是時祐用記憶窗簾遮住的內容。他當時肯定是假

裝睡著了，所以才會知道全部的狀況，VIP 和我也才能看到那個畫面。」

「原、原來是那樣啊！時祐這傢伙，這有什麼大不了的，還特意遮起來，在這行多得是這種事。」

「李代表，故事還沒有結束。」

「咦？後來除了我送時祐回家，就沒發生其他事情啊！」

鄭課長看了一下桌上杯子表面凝結的水珠。他握緊水杯，把水珠擦掉後，一口乾了杯中物。

「時祐不是裝睡嗎？李代表把時祐送回宿舍後，他講了一通電話就又出門了。離開宿舍後，他朝某個地方走去，大概就是那裡吧！」

「什麼？時祐那天晚上一個人去了哪裡？」

「找安美靜董事長。他去了安董事長一個人住的公寓。」

「不對吧？時祐為什麼要那麼做？他為什麼要在那個時間去找安董事長？」

鄭課長什麼都沒有回應，逕自從位置上站起來。他輕拍一下李代表的右肩就走掉了。李代表愣在原地，甚至沒察覺到鄭課長已經離開。他打電話給時祐，但沒人接電話，即使他又打了一次，時祐還是沒有接。李代表整個人都縮在沙發

裡，愣愣地望向窗外。無數的燈火彷彿在尋找些什麼似的發出璀璨又和平的光芒，沿著蜿蜒的漢江一路往下。

PART 4

鏡像世界：
將世界複製到
數位空間

「書就像鏡子。傻瓜照鏡子時，不能期待在裡面看見天才。」

——J.K 羅琳

現實世界＋效率＋擴展
＝鏡像世界

　　如複製般將現實世界的模樣、資訊和構造等轉移後打造出來的元宇宙就是鏡像世界。在打造的過程中還會提高效率並擴大範圍。以下舉外送平台「外送民族」為例。在外送民族裡的餐廳，實際上都存在於現實中的某個空間。其中某些餐廳有經營實體店面，而有些餐廳則是專門做外賣。

　　明明直接打電話到那些餐廳點餐也可以，為什麼人們那麼喜歡使用外送平台呢？第一，打電話過去時，對方可能正在通話，而且自己也不太清楚菜單上有什麼餐點，再加上報地址或點餐的過程也相當麻煩。這些程序在外送應用程式上只要點個幾下就能完成，非常有效率。第二，每間餐廳在應用程式上都有星星評分和顧客評論等多樣化的內容，還有關於餐廳位置和特色的介紹等。像這類資訊的擴展正是應用程

式的一大優點。

　Google Earth 和 Naver Map 等提供的服務也包含在鏡像世界裡。網路地圖提供圖像化的道路、建築物的外觀和地址、行人視角的街景照片和從高空拍攝的空照圖等。構築鏡像世界時，將現實世界的地圖數據化是相當重要的基本資料。這類地圖服務會定期更新地圖資訊，努力以最快的速度將現實世界的變化反映在鏡像世界中。

　鏡像世界看起來像是將現實世界的模樣照樣呈現出來，但單憑一種鏡像世界是無法囊括整個現實世界的。舉例來說，假設你家附近的巷子裡有餐廳和洗衣店，在現實世界裡，你在餐廳吃飯吃到一半，如果被湯濺到外套，只要馬上拿到隔壁的洗衣店送洗就好；然而，在外送平台中，並沒有這種即時連通的功能。雖然在現實世界裡，餐廳旁邊就是洗衣店，但是在為了提升飲食外送效率、擴展資訊內容而打造出來的飲食外送元宇宙中，根本就沒有洗衣店。雖然鏡像世界是反射現實世界的模樣而打造出來的，但實際上還是有很多和現實狀況不一樣的地方。鏡像世界目前正以上述提及的高效率及擴展性為基礎，廣泛被運用在商業、教育、交通、物流、文化內容等各式各樣的領域中。

4-2

猴子吃花生時的腦：
鏡像神經元

　　義大利的神經心理學家賈科莫・里佐拉蒂（Giacomo Rizzolatti）在與獼猴相關的研究中，發現了神奇的神經細胞。研究員先觀察猴子用手抓花生之前，出現於額葉皮質特定區域的神經元活化現象。後來又觀察猴子看見研究員用手抓花生時，大腦會出現什麼反應，結果發現同一個神經元出現了活化的現象。不論是猴子自己拿花生，還是看見人拿花生，猴子的大腦都會出現同樣的反應。在追加實驗中證實，猴子看見其他猴子吃花生，或是聽見剝花生的聲音時，大腦中同一個區域都會發生活化現象。研究團隊也在人身上做了類似的實驗。看到他人的臉部表情或手部動作時，和自己做出表情、擺出動作時，大腦活化的區域是一樣的。里佐拉蒂將在相關研究中發現的神經元稱作「鏡像神經元」。

鏡像神經元對我們的活動造成很大的影響。觀察他人的行動並跟著做的學習過程，光是聆聽對方的故事就能理解對方處境的能力等，這都和鏡像神經元有緊密的關係。憑靠鏡像神經元，就算我們沒有親自做過、沒有親眼看過，也都能理解。看電影或電視劇時，對劇中主角的處境產生共鳴；閱讀小說時，在腦中描繪出畫面，把登場人物看作實際存在的角色，與其一起沉浸在故事中。這些都和鏡像神經元有關。

　　人們用外送平台點餐時，腦中會發生什麼樣的事情？會看著地址和地圖上的位置想像那間餐廳實際上大概在哪裡。雖然點餐時無法看見真的食物，但看見與餐點相關的說明和許多評論時，腦中就會浮現食物的味道。點餐後，平台畫面會顯示餐點還要多久才能送達，看見那時間，人就會推測外送的機車目前大概行駛到哪個位置。在美食香味滿溢的餐廳裡點餐，看著餐點從廚房端出來時所感受到的情緒，現在只要看著外送平台的畫面，就能體驗到相似的感覺，這正是因為人類大腦中的鏡像神經元發揮了作用。

4-3

Google 為什麼要製作地圖？
鏡像世界的基礎架構

　　Google 地圖的服務從 2005 年 2 月發表至今一直在更新，而且服務內容也持續在增加。雖然 Google 會親自參與地圖資訊的製作，但在美國也有開放一般民眾參與地圖資訊的修正和內容的追加。Google 地圖和 Naver map 一樣都能搜尋利用大眾運輸、開車和步行時移動的路線，並且即時告知路況。在街景（Street View）服務中提供 360 度的全景相片，使用者可以透過相片從街上的多個位置觀看周遭的景色。Google 的衛星空照圖提供的是從空中傾斜 45 度角拍攝而成的照片。另外，不只是地上，Google 還提供部分大海內部的全景相片。

　　Google 開放其他企業使用他們的地圖。舉例來說，在第三部分中介紹的 Nike Run Club 就是活用 Google 地圖來呈現

使用者目前在什麼地方跑步，並測量跑步的距離。除此之外還有數不清的企業都在用 Google 地圖的數據來構築鏡像世界。企業在使用 Google 地圖的數據時，如果每天的使用頻率不高，就不需額外支付費用，但 Google 在 2018 年變更了地圖數據相關費用的政策，所以目前正在逐漸增加收費。因此，往後許多企業在活用 Google 地圖的數據來經營鏡像世界元宇宙時，所需負擔的費用將會增加。

雖然現在也是如此，但隨著建造和活用鏡像世界元宇宙的企業以及國家日益增長，Google 所擁有的地圖數據的影響力確實會變得越來越強大。在 Google 對外提供地圖服務的草創期，人們對 Google 的行動深感困惑，不懂他們為什麼要投資高額費用來製作地圖，還將做好的地圖免費提供出去，而且人們也認為那種地圖賺不了什麼錢。然而，隨著鏡像世界漸趨活躍，Google 等於掌握了多個鏡像世界的基本架構，成為握有龐大權力的企業。

不過，也不需因為這樣就擔心 Google 會掌握所有鏡像世界的基礎架構，獲得主宰一切的權力，更不需為此洩氣。鏡像世界元宇宙需要的資訊並不只有地圖。地圖上的各種建築物、裡面的企業和組織、與人相關的人口統計資訊等更為重要。我想請各位思考看看，假如換作是你們要建造鏡像世

界，那麼在建造的過程中，哪些與現實世界相關的資訊才是最重要的？舉例來說，如果是販售化妝品的企業，就能將消費者購買化妝品的消費模式貼合到 Google 地圖上，製作出化妝品消費元宇宙。而且還可以用這樣的資訊作為基礎，在公車站即時投放不同的化妝品廣告，或是按照地區更動化妝品店裡的商品擺設和折扣多寡。

4-4

微軟花費 25 億美元收購的元宇宙：《當個創世神》

　　《當個創世神》（Minecraft，許多玩家也暱稱「麥塊」）於 2011 年初次問世。沒有玩過《當個創世神》的人可能比較難理解這是什麼東西。這是一款將相似於樂高的方塊堆疊起來後，按照個人喜好打造自己世界的遊戲。方塊的種類相當多元，每種方塊都有獨特的特性，像是泥土、石頭、木材、磁石等。《當個創世神》最重要的特徵和優點就是它是款「沙盒遊戲」（sandbox game）*。沙盒原意是裝沙的箱子。木製的大箱子裡裝了沙，裡面放置許多種玩具，供小孩子任意取來玩耍，大致上可以這樣理解。基本的遊戲方式就是用沙子堆

＊是一種電子遊戲的類型，給予玩家在遊戲世界徹底的自由，不僅是開放式地圖而已，也不會硬性要求玩家完成特定任務或目標。

出各式各樣的東西，玩完後再弄倒重堆，沙盒遊戲的精神亦是如此。

最一開始設計出《當個創世神》的公司，是由馬庫斯・佩爾松（Markus Persson）、卡爾・曼諾（Carl Manneh）和雅各布・珀斯（Jakob Porsér）所創立的瑞典遊戲公司 Mojang Studios。微軟（Microsoft）於 2014 年 9 月花了 25 億美元收購 Mojang Studios，買下《當個創世神》的元宇宙。雖然當初微軟收購 Mojang Studios 的時候，曾有人質疑收購價格是否過高，但就結論來看，這對微軟來說無疑是一筆成功的交易。登入《當個創世神》時所需的軟體銷售量正在向大眾證實這一點。《當個創世神》可以用電腦、智慧型手機、家用遊戲主機等設備來登入，以家用遊戲主機專用的軟體為例，直到 2019 年，累積的銷售量超過 1 億 7 千 6 百萬套，是歷年來遊戲銷售量最多的，這足以證明《當個創世神》的高人氣。截至 2019 年為止，每個月的平均用戶已經超過 1 億 1 千萬名。簡單來說，有超過韓國人口兩倍以上的人正在享受《當個創世神》元宇宙的樂趣。

不僅是我，其他第一次看到《當個創世神》的人——尤其是成人——都相當詫異。《當個創世神》的角色和背景畫面跟最近流行的酷炫遊戲相比，真的粗糙到不行，而且音效

也一塌糊塗。這種遊戲人們到底為什麼會喜歡？最喜歡《當個創世神》的年齡層是小學生。我們的孩子究竟喜歡《當個創世神》中的什麼？上述提到《當個創世神》的主要特性是「沙盒遊戲」，而這正是小孩子喜歡《當個創世神》的原因。在遊戲裡，像佛國寺、景福宮、瞻星臺、泰姬瑪哈陵和艾菲爾鐵塔等著名建築物，幾乎都已經被建造出來了。

不僅是小孩子，遊戲裡還有很多大人製作的作品。2020年隨著新冠肺炎的擴散，美國有多所大學都開始限制學生出入校園。賓夕法尼亞大學（University of Pennsylvania）、柏克萊音樂學院（Berklee School of Music）、歐柏林學院（Oberlin College）等校的學生，開始利用《當個創世神》的元宇宙，在裡面照樣製作出自己的學校。不僅是學校的運動場、圖書館和教室，甚至連宿舍和快餐車都有。

因為沒辦法在現實世界中聚集，所以學生利用《當個創世神》製作出和真實的大學一模一樣的鏡像世界，打算聚集到那個元宇宙中，在裡面和彼此對話、一起玩耍，並且也舉辦畢業典禮。在日本也有相似的狀況，因為新冠肺炎而被迫停課的小學生利用《當個創世神》製作出教室，在裡面進行了虛擬的畢業典禮，並且將內容分享至生活日誌化元宇宙之一的 Twitter 上，將鏡像世界和生活日誌化世界連接起來。值

得注意的是，這項計劃並非由學校或老師來主導，而是由小學生自發性地推動。

如果閱讀本書的讀者中，有小學畢業已經 20 年到 50 年的人，也就是畢業時沒有《當個創世神》這種遊戲的人，請你們試著想像看看：「假如你們小學畢業時，正在流行像新冠肺炎一樣恐怖的傳染病，你們有辦法自己主動策劃並舉辦其他型態的畢業典禮嗎？」首先，就我的狀況來看，應該是不太可能。

我身邊有些老師在《當個創世神》裡建造學校讓孩子進去，然後在那個元宇宙中教孩子歷史、科學和社會等科目。海外也有非常多類似的案例，以下舉其中一個比較特別的案例給大家參考。去瑞典旅行的克里斯（Chris）和艾米拉（Emilia）在瑞典的中部地區接觸到大約只有當地的 3000 名居民才會使用的古諾斯語——Elfdalian。使用該語言的遊牧民族所居住的地區有部分是與外界斷了聯繫的，目前該語言的使用人口正逐漸減少。為避免 Elfdalian 消失不見，克里斯和艾米拉活用了《當個創世神》的功能。他們在遊戲裡製作任務，專門用來教導中部地區少數民族的文化、歷史，以及他們所使用的 Elfdalian，目前還在持續經營當中。我身邊的那些老師，還有克里斯和艾米拉為什麼要特地在《當個創世

神》元宇宙裡打造鏡像世界呢？因為這麼做可以如鏡子反射般原樣呈現真實世界的模樣，然後將學習時所需的資訊和功能更有效率地擴展後加入其中。在前面有提到，鏡像世界的特徵就是高效率及擴展性，希望大家能稍微回想看看之前的說明。我們有必要更深入思考，為什麼這款遊戲看起來明明既不燦爛也不華麗，世人們卻仍然如此熱衷？而且我們的孩子還特別喜歡，另外也有越來越多人將它活用為教材。

以下會從小孩子的立場更仔細地說明其理由為何。不論是誰，都傾向於對自己努力製作出來的東西做出更高的評價，這稱作「勞力辯證（effort justification）」。

比起別人做好的東西、已經完成的東西，我們通常會認為憑藉自己的想像力和努力，親自打造出來的東西更有價值，而且也更喜歡。看到小孩子喜歡《當個創世神》的模樣，我覺得很抱歉，因為在現實世界中，我們並沒有給孩子充分的機會讓他們自己去創作些什麼；同時我不禁也反省，我們是否只是一味地下達指示，要求他們不要破壞大人打造出來的世界，只要跟著大人做就好？其實勞力辯證也同樣適用於大人：從 IKEA 搬回沉重的箱子，在家裡獨自組裝傢俱，為此幸福不已的大人，就和在《當個創世神》元宇宙裡打造自己世界的小孩子般。難怪勞力辯證也稱作「宜家效應」。

我們的孩子在《當個創世神》的元宇宙中開心地玩耍和學習，他們比我們還要更了解鏡像世界。我們的下一代在未來會打造出什麼樣的鏡像世界呢？希望大家能一同期待並給予支持。

4-5

沒有房間的酒店：
Airbnb

　　Airbnb 是 2008 年始於美國舊金山的出租房源平台。它的初衷非常單純。布萊恩‧切斯基（Brian Chesky）和喬‧傑比亞（Joe Gebbia）這兩名同齡朋友搬到舊金山後辭掉了工作，因此難以負擔高額的租金，於是他們便萌生了一個構想：「要不要在自己家裡鋪氣墊床、提供早餐，經營看看住宿的服務？」2007 年 10 月在舊金山正好有一場大規模的研討會，還有許多人沒訂到酒店，所以他們決定要暫時出租自己的家，藉此賺個 1000 美元，並將這個構想商業化。Airbnb 就這樣誕生了，而這個名稱是從 Airbed & Breakfast 簡化而來的。

　　Airbnb 的服務模式相當簡單：提供個人在 Airbnb 的網站上刊登自己持有的公寓、商務住宅和一般住宅等建物，然後

在自己不在的期間出租給其他人。旅客等於是暫時住在別人的家裡，而不是酒店。對旅客來說，最重要的資訊就是在他們即將前往的地區有什麼樣的房屋、位置在哪裡，以及那個房屋裡的床鋪、廚房和浴室的狀態如何。Airbnb 將這些資訊建成資料庫，讓用戶很輕鬆就能找到相關資訊。雖然為了保護房東的隱私權，確切的地址要等預約成功後才能取得，但該房屋的大略位置，還有屋內結構、可使用的設備和家電等，都會詳細地公開在網站上。若說前幾篇提到的 Google 地圖主要是將人們共享的外部空間搬到鏡像世界，那麼 Airbnb 就是將個人居住的房屋內部複製到鏡像世界元宇宙裡。

截至 2019 年 10 月為止，Airbnb 每天約有 200 萬筆訂單成立，也就是說 Airbnb 這間網路酒店每天提供 200 萬間客房給至少 200 萬人，真的是規模非常龐大的酒店。Airbnb 等於是在鏡像世界裡打造了全地球最大的酒店。Airbnb 會向出租房子和承租房子的人收取一定比例的手續費。在他們的網站上有各種不同類型的房源，從非常廉價的房屋到高級住宅都有，甚至還有實際位於歐洲某地區的古堡。

由於 Airbnb 並不會一一管理每個房源，所以目前衍生了許多問題，例如刊登內容和實際住宿環境差異很大、旅客毀損或偷竊旅宿內的物品等狀況。因為在網站上刊登房源的業

者，並不是在合法立案的狀況下將個人的住宅出租給他人，所以在許多國家都因違法而遭到社會指責，另外還有租金所得逃漏稅的問題。

改革創新的許多方法中，主要分成核心能力弱化和核心能力強化兩大類。一般企業傾向強化自己具備的核心能力，並在壟斷市場的同時持續提高競爭力。連鎖酒店若想提升自己的市占率，通常會建設更多酒店，或是收購競爭業者的酒店來擴張領域。不過，有時也會逆向操作，丟棄對核心能力的執著，改去尋找新的突破點。所謂「核心能力弱化」就是減弱在企業產品、服務生產、經營等領域中，普遍被視為核心的那些能力來改革創新。Airbnb 本身並不持有大型酒店或公寓。若說傳統旅宿業者的核心能力就是他們所持有的大型酒店和公寓等建物，那麼 Airbnb 就是放棄了這部分，轉而專注於建立個人與個人的連結。他們弱化了傳統酒店經營的核心能力，在鏡像世界中打造出龐大的住宿世界。

然而，有一件事情不可以忘記，那就是像 Airbnb 這樣與現實世界的基礎設施連動的鏡像世界，經常會因為現實世界的流動性和危機而受到許多影響。新冠肺炎擴散至全世界後，以 2020 年 5 月為基準，Airbnb 的銷售額少了一半，7500 名員工也裁減了 1900 名。原本在市場得到高度評價的

企業價值更是一落千丈。Airbnb 打造的鏡像世界裡的酒店元宇宙，在現實世界的移動和旅行屢屢受限的狀況下，受到了直接的衝擊。

4-6

不開伙的餐廳：
外送民族

外送民族是由「優雅的兄弟」這間公司經營的食物外送平台。此項服務始於 2010 年 6 月。外送民族的服務推出後，持續呈現成長趨勢。雖然事業初期因為侵略性的行銷投資而產生赤字，但從 2016 年之後便開始出現盈餘。2018 年，外送民族應用程式的市占率更是超過 50％，遠遠贏過 Yogiyo 和 Baedaltong＊等競爭業者。外送民族等於是壟斷了韓國一半的食物外送服務。

外送民族初期的外送商品都是人們經常打電話叫外送的料理，像是中華料理、速食、豬腳和菜包肉等。從 2015 年

＊여기요（Yogiyo）為韓國人在餐廳叫服務生點餐時會使用的用語，原本發音「여기요（Yeogiyo）」為意思是「這裡要點餐」。배달통（Baedaltong）的意思是「外送箱」。

開始，連人們不常叫外送來吃的義大利麵、壽司、咖啡、韓定食等，也能透過名為「外民（外送民族）騎士」的 Premium 會員制外送服務來外送。後來甚至連小菜、在便利商店販售的生活必需品等，都被列入外送商品，種類變得越來越多元。

外送民族基本上和前一篇介紹的 Airbnb 相當類似。Airbnb 沒有自己的公寓、酒店等住宿設施，它的經營模式為連結原本就持有那些設施的人和要在那些設施住宿的消費者；外送民族則是連結經營餐廳的業者和想要點外送食物的消費者。

在鏡像世界中打造出來的外送民族元宇宙，對現實世界的餐廳經營也帶來了很大的影響。最具代表性的變化就是共享廚房的出現。正如字面上的意思，共享廚房是指由多個餐廳一起分享同一個廚房。以傳統餐廳的經營思維，應該很難想像具體的狀況是什麼。舉例來說，老闆不同的炸雞店和豬腳店共用同一個廚房，或是租借廚房來使用，這是不是有些奇怪？不過，隨著食物外送的元宇宙日益增長，市場上開始出現一些完全撤掉顧客用餐空間，專門只做外送的餐廳。而且為了供應這種業者的需求，像共享辦公室那樣弄出許多個廚房，專門做廚房出租的地方也越來越多。以

2020 年 8 月為基準，前 6 大共享廚房業者── WECOOK、Ghost Kitchen、共享廚房 1 號街、外民（外送民族）廚房、youngyoung kitchen、monthly kitchen──成功開店的共享廚房店面數，與 2019 年 11 月相比足足增加了 72%。這和在疫情期間因保持社交距離而急遽上升的餐廳倒閉率呈明顯對比。

顧客在平台上的評論往往會強烈影響外送民族和 Airbnb 這種在鏡像世界裡替現實世界做仲介的商業模式。鏡像世界提供的評論和評分等資訊是新增的情報，實際上並不存在於現實世界。然而，目前有關這類評論和評分資訊的造假問題卻層出不窮。經營外送元宇宙的業者曾因刻意隱瞞顧客的負面評論，遭公平交易委員會懲處；外送民族也曾為了不肖業者收錢替餐廳寫假評論一事，向警方舉報。營運團隊期盼自己所經營的鏡像世界元宇宙的經濟規模能再擴大，而參與其中的業者（進駐外送民族的餐廳）則希望自己的企業能領先鏡像世界元宇宙裡的其他企業，因此上述那些紛爭才會持續不斷。這也證實了評論和評分等資訊對鏡像世界的擴張來說，確實是相當重要的項目。

關於進駐鏡像世界的業者和使用平台的用戶要支付的費用，也有許多爭議存在。目前外送民族正按照料理分類向餐廳業者銷售廣告，讓支付廣告費的店家顯示於應用程式介面

的上端。雖然刊登廣告的演算法和廣告費用常有變動，但就結論來看，店家往往都需支付一定程度的費用給外送民族才能提高銷售額。雖然消費者使用外送民族點餐時，除了外送費之外，不用支付其他的費用，但店家支付的廣告費終究還是會包含在消費者的餐點費用中，所以消費者也不能說是免費使用外送民族。也就是說，店家和消費者雙方都要付錢給這個元宇宙。從某個角度來看，這也是理所當然的事。因為不論是店家還是消費者，都已經透過外送民族這個食物外送元宇宙各取所需了。

只不過問題在於，與追加支付的費用相比，雙方藉由這個元宇宙獲得的利益是否真有其價值？雖然可能有些人會反問：「就是因為有價值，這樣的服務才能持續經營，不是嗎？」但這其實很難說。此類型的鏡像世界元宇宙，直到進駐元宇宙的業者和消費者規模擴張到一定水準之前，都不會向用戶收取高額費用，相反地，他們會先在行銷方面投入高額資金，然後等店家和消費者的規模充分成長後，再開始提高費用。

所謂元宇宙的經濟規模充分成長，是指店家和消費者雙方都無法輕易離開該元宇宙的「鎖入（lock-in）效應」。然而，元宇宙的經營團隊需銘記在心的是，如果盲目相信這種效

果，隨心所欲地操縱元宇宙的經濟結構以及店家和消費者要支付的費用等，可能會導致整個元宇宙的崩壞。因為如果沒有店家和消費者，鏡像世界元宇宙無異於鋪好道路的空城。

4-7

比哈佛更難考的大學：
密涅瓦大學

　　密涅瓦大學（Minerva School）是一所本部位於美國舊金山的大學。之所以用「本部」一詞來指稱，是因為這所大學和一般擁有運動場、諾大的圖書館和教室等眾多建築設施的大學不同，它盡可能簡化實體設施，以線上課程為核心來經營。密涅瓦大學每次會錄取 200 名學生，全校約有 30% 的學生都來自亞洲圈。韓國國內有多家媒體報導，稱密涅瓦大學比首爾大學和哈佛大學還更難考。密涅瓦大學的錄取率為 2%，比平均錄取率為 4-7% 的哈佛大學和麻省理工學院還低。

　　密涅瓦大學成立於 2013 年，第一堂課則開設於 2014 年。該校的授課方式大致上有兩大特色：第一，雖然不是完全沒有和教授面對面的實體課程，但所有課程都會同步在線上進

行遠距教學。學生不用聚集在同一個場所聽課。一到上課時間，學生就會各自在舒適的環境中，透過網路連線來上課。在課堂上，教授不會單方面地進行說明。教授的發言時間平均不會超過課程時間的 15%。課程的核心在於學生對各自學習的主題所發起的討論。為此，密涅瓦大學的學生必須在課前閱讀教授指定的許多資料並做好討論的準備。教授比起教導學生，更多是在帶領學生，扮演促進學生發表意見、掌握課程節奏的引導者（facilitator）角色。當然，教授並非單純只是在引導學生討論，他們在各自授課的領域，都具備最高水準的專業知識。教授會活用線上學習平台的功能，輕易掌握誰在課堂上發言較少，藉此盡可能地平均給予學生發言的機會。另外，在學習平台上，還能自動檢查學生是否在課堂中瀏覽其他畫面。這種授課方式會給教授一種，學生全都坐在自己身旁的感覺。雖然密涅瓦大學的遠距課程平台一次可以開放 40 名學生聽課，但為提升課程品質，實際聽課人數規定為 16 名以下。

第二，學生於在學期間，需至美國、韓國、印度、德國、阿根廷、英國和台灣這七個國家的酒店入住，在當地過生活。學生可以藉由實習的機會，遊走於不同文化圈的國家，並深入思考在課堂上學習的內容要如何套用在現實世

界中。這時學生所執行的課題，就是「LBA（Location Based Assignment，城市在地作業）」。密涅瓦大學活用學校與諸多企業和組織的協力網絡，讓學生參與各國當地的專題。簡單來說，就是學校從外部取得專題後，交由學生像研究員那樣去處理相關事務的方式。

新冠肺炎爆發之後，許多國家的實體大學都不得不推動遠距課程，過程中經歷了許多混亂，但一直以來都以線上課程為中心的密涅瓦大學，並沒有受到什麼特別的影響。他們和往常一樣，在自己的線上平台上課，而因為防疫政策導致實體專題執行困難的國家，則整合線上和線下的課程，舉辦研討會來因應。

密涅瓦大學將擁有龐大校園的大學所具備的優點，成功地投射到鏡像世界裡。與此同時，還提升了學校整體的效率並擴大了規模。以下會分析密涅瓦大學和現實世界中一般大學的共通點及差異。第一個部分要談的是「效率」。密涅瓦大學和一般大學一樣有課表，教授和學生也一樣要在定下的時間見面並一起學習。不過，所有的課程都以遠距進行，這提升了學生靈活運用時間的效率。一般大學的營運費用中，有相當大的比例是用在建築物和設施的維護上，以線上課程為主的密涅瓦大學得以大幅省下這類的費用。一般大學的空

間，就算在學期中也少有利用率達 100％的狀況。另外，學校一年將近有三分之一的時間都在放假，就算沒有使用校內建築，大多還是要支出管理費用。第二個要談的是「擴展」。密涅瓦大學的學生雖然不會待在同一個物理空間，在同一間教室裡聽課，但線上平台的自動功能卻可以幫助每個學生提升在課堂上的專注度和參與率。線上平台會自動記錄學生的發言率、畫面點閱率等資訊，然後提供給教授。另外，從教授的立場來看，自由小組討論提高了課程經營的擴展性；而提供機會，讓學生拜訪多個國家，體驗當地文化並參與各種企業的實務專題，也等於是擴展了學生的學習範圍。

很多人覺得密涅瓦大學和其他在線上進行課程的網路大學或 MOOC（Massive Open Online Course，大規模免費線上開放式課程）很相似。雖然利用網路進行遠距教學這一點確實很像，但不同的部分其實更多。網路大學或 MOOC 的課程大部分都是預錄後上傳到平台，學生再於想要的時間自己登入平台聽課。這種授課方式等於是教授單方面對學生講解，所以很難確認學生在課堂中是否有專注聆聽、是否有清楚理解，而且學生也不可能在課堂中詢問教授問題。關於課程的問題和討論主要都是在線上的文字討論區進行，無法妥善引導學生積極參與。在大部分的 MOOC 課程中，實際提問

並參與討論的學生人數都比聽課人數少非常多。舉例來說，在 MOOC 平台之一的 Coursera 上，有某個講座的累積聽課人數超過了 10 萬人，但與該課程相關的問題和討論串卻只有 300 個左右。若以這個數據來換算，等於是一堂 50 人左右的課程，只會有 0.15 個問題和討論。當然，網路大學是正規學位課程，和 MOOC 相比，教授和助教的課程管理都自有一套完整的系統，但和密涅瓦大學這種同步互動的課程相比時，學生之間以及教授與學生之間的提問和討論還是少上許多。另外，密涅瓦大學並沒有止步於這種同步課程和討論機制，對於學生在現實世界裡遇到的開放性問題，也就是沒有正確答案的那些問題，學校也會讓學生實際透過專題來解決。這種方式能大幅提升學生對課程內容的理解能力和應用能力。

密涅瓦大學將擁有龐大校園的大學搬到鏡像世界裡，同時還降低了課程的營運費用、提高學習效率，並且擴展了教授經營課程的方式和學生以實務為基礎的學習方式。密涅瓦大學的教育方式或許不是唯一的正解。然而，在零接觸普及化的狀況下，對正在煩惱未來教育發展的教育機構和企業來說，這必然是得多多關注的案例。

4-8

零接觸的世界，大家的教室：Zoom

　　Zoom 是在新冠肺炎爆發以後，最具代表性且成長快速的視訊會議服務，目前由 Zoom Video Communications 經營。Zoom 的運作建立在網際網路之上，提供用戶遠距視訊會議、聊天、電子投票、小組討論等功能。會議的即時影像可設定自動錄影，而且也能透過雲端分享出去。

　　雖然 Zoom 大部分的功能基本上都是針對企業視訊會議來設計，但在新冠肺炎爆發之後，許多國家的教育機關都開始進行遠距教學，其中最常採用的平台就是 Zoom。在新冠肺炎爆發之前，也就是 2019 年之前，在教育領域中，遠距和零接觸課程所占的比例非常的低。舉例來說，2019 年所有大學的線上課程比重僅占 0.92%。然而，新冠肺炎突然爆發，迫使各大學將全部的課程都轉換成遠距的零接觸方式，但當

下卻沒有合適的授課平台。於是，包含 Zoom 在內，Cisco Webex 和 Microsoft Teams 等視訊會議工具，很快地都被當作教育工具來使用。在這種狀況下， 2020 年 9 月 Zoom 的股價比起 2020 年初上漲了 6 倍。

學校和企業紛紛利用 Zoom 將原本在教室裡進行的教育課程轉為零接觸的線上課程，在這過程中，也捕捉到各機關及各個教育人士在經營課程方面有什麼樣的不同。當他們在各自的教室裡上課時，並不太清楚彼此的授課方式有什麼差異。在課堂上講師做了什麼、學生做了什麼、講師和學生雙方又有什麼樣的互動和經歷，這些資訊人們都不太清楚。然而，當教室搬到線上，投射在鏡像世界之後，我們過去推動教育的模樣才赤裸裸地被呈現出來。Zoom 不僅是支援零接觸環境的高效率工具，同時也是促使人們回頭重新審視現實世界教育的契機。

教育界也對使用 Zoom 進行零接觸遠距教學有著各種意見和因應對策，大致可以分成三類來討論。

第一，拒絕使用 Zoom 這類的視訊會議工具。有些人認為這種授課方式很沒有效率。預先錄製課程後上傳即可，為什麼非得要求講師同步授課，還要學生在特定時間聽課？他們主張應該預錄課程，妥善編輯再上傳，還說這能幫助學生

擺脫時間上的限制。雖然我也同意這麼做確實很方便，但其中還有一個很大的問題。在學習的過程中，講師和學生之間，以及學生彼此之間的即時互動是非常重要的，但光是提供錄製好的影片並沒有辦法達到這種互動的效果。也就是說，堅持預錄影片的態度，無異於「學生只要聆聽講師說明就好，這就是學習」的主張。

第二，採用 Zoom 進行同步的遠距課程，卻喪失同步的意義。講師露出自己的臉，一邊秀出講義資料一邊替學生說明。不過，學生聽課時卻一致關閉鏡頭和麥克風，只是單純聆聽講師的說明。講師沒辦法確認學生是否有專注聆聽自己的講解，而且也沒興趣去確認。只是在課堂的最後吩咐學生有問題就在聊天室留言，如果沒問題就直接結束課程。這種授課方式和剛剛提到的上傳預錄影片的方式並沒有太大的差異。

第三，利用 Zoom 同步進行遠距課程，同時也在線上實踐多元互動。課程開始後，講師會像在教室裡上課那樣先跟學生打招呼，然後要求學生打開鏡頭，確認學生是否有專注上課。在課堂中則會將學生分組，讓他們以所學內容為基礎和彼此進行討論。等小組討論結束後，再讓學生摘要各組的結論並分享給全體。另外，為了檢視學生對所學內容的理解

程度，講師還會出一些簡單的題目，但大多會體貼學生，不將分數公開給他人知道，以免學生覺得尷尬。有些講師會徹底活用投票功能來統計聽課學生的意見，而當學生對課程內容有疑問時，則會鼓勵他們活用線上課程可匿名的優點多多發問。各位不覺得第三種類型似曾相識嗎？沒錯，這和上一篇介紹過的密涅瓦大學的學習方法是一樣的。講師不會單方面地授課，而是會持續傾聽學生的意見，引導學生和彼此討論並給學生自由發問的機會。如果覺得和學生在線上互動時，總會看見對方的臉塞滿四四方方的畫面，因而莫名有些尷尬，那麼也可以嘗試使用 Teooh 之類的服務。Teooh 將現實世界的演講廳搬到了網路上。雖然每個場景的設計不盡相同，但基本上都是在寬闊的空間中，排滿各種型態的桌椅。登入服務後，用戶可以按照個人喜好捏製自己的虛擬化身。接著只要使用捏好的化身，在演講廳的許多座位中擇一坐下即可。落座後就能和坐在同桌的人對話。如果想和其他人對話，就要坐到別桌去。

上述說明的三種狀況並不僅發生在線上課程中。雖然有些情形是因為講師不熟悉線上工具的運用，所以才不得不改變原先授課的方式，改用其他方式進行遠距課程，但大多都是將原本線下面對面授課的方式照樣搬到線上來進行。例

如最一開始提到的狀況，那些主張預錄課程後上傳即可的講師，平常在實體教室授課時，大多也是單方面地說明，而學生只是坐著用聽的。在零接觸的大環境中，像 Zoom 這樣的視訊會議工具變成了所有人的教室。線上打造出來的教室鏡像世界，幫助人們回顧自己在實體教育時是如何學習，而那種方法又是否有問題。鏡像世界裡無法實現所有類型的教育，我們還是要在現實中與彼此見面、溝通並學習。然而，如同上一篇提到的密涅瓦大學，在未來的教育中，零接觸的遠距教育所具備的高效率及擴展性，將會普及整個教育界。希望大家能一同思考，我們要在鏡像世界裡打造什麼樣的教室，而又要如何將那教室和現實世界的教室連結起來。

透過區塊鏈形成的鏡像世界：《Upland》

比起前面在第二部說明過的 Niantic，UplandMe 遊戲公司更加明顯地展現出了《鳳伊金先達》的架勢。《Upland》遊戲以 Google 地圖上出現的實際房地產資訊為基礎，讓參與元宇宙的人們有平台可以彼此買賣在《Upland》上跟實際住處連結的房地產。《Upland》本身發行名為 UPX 的貨幣，玩家可以用這個貨幣進行房地產交易。1000 UPX 的價值相當於實際貨幣的 1 美元，任何人只要加入《Upland》，起始就能獲得 3000 UPX 的紅利。

一登入《Upland》之後，畫面上就會出現舊金山、紐約的實際地圖。另外，也看得到上傳到《Upland》當作銷售物件的房地產目錄。玩家看到銷售物件，即可以用自己所擁有的 UPX 購買。當然那處房地產的屋主在現實世界中另有其

人，《Upland》上的房地產交易並不會對現實世界的房地產所有權帶來任何影響。玩家可以把自己在《Upland》收購的房地產用更高的價格在市場上拋售，或是完成《Upland》提供的任務，藉此獲得更多的 UPX。我在《Upland》的舊金山也持有幾處房地產，這些房地產會隨著時間產生收益，如果持有的房地產滿足了一定條件、完成收集任務後，獲益效率也會跟著大幅提升。

在《Upland》使用的 UPX 貨幣和房地產的所有權資料，都可以透過區塊鏈的技術獲得安全保障。例如，《Upland》並不是單純地在伺服器資料庫上顯示「金相均」的儲存格，旁邊標注 20000 UPX，而是以區塊鏈為基礎維護所有權，當伺服器出現問題或是遇到駭客入侵時，仍然可以保證玩家所持有的 UPX 和房地產所有權的安全。

《Upland》遊戲從 2020 年 1 月開始提供房地產資料服務，起初只有舊金山地區，到 2020 年 9 月又新增了紐約市曼哈頓的房地產資料。目前 UplandMe 計劃發展出一套長期的商業模式，讓玩家們能將在《Upland》遊戲中賺到的 UPX 兌換成現實世界的貨幣。UplandMe 的戰略是希望能藉由區塊鏈管理《Upland》的資產及維護 UPX 的安全以避免偽造，並嘗試連結 UPX 與現實貨幣，進而達成相互兌換的可能性。

他們不僅根據現實世界的地圖創造出了一模一樣的鏡像世界，甚至還在其中發展的經濟活動，企圖和現實世界的經濟連動，是一項十分有意思的計劃。

UplandMe 為自己的企業目標下了一個定義：「在現實世界與鏡像世界相遇的交叉點上，讓所有人都能擁有愉快的經驗與嶄新的機會。」截至 2018 年末，UplandMe 已經獲得第一階段 200 萬美元的資金，主要投資者便是開發 EOS 區塊鏈的企業，Block One。根據資料顯示，Block One 所擁有的資產價值超過 41 億美元。

《Upland》跟我們小時候玩過的《大富翁》、《藍色大理石》*桌遊有類似的性質。在這類遊戲中，玩家們會繞行紙上的棋盤，在自己停留的空格裡購買土地、興建建築物，向其他經過這地方的玩家收取遊戲紙幣當作使用費，藉此提高獲益。原來的遊戲需要好幾個人圍坐在一起、各自占有棋盤上劃分好的土地，而《Upland》則透過 Google 地圖這類的精密地圖呈現，讓玩家買賣各處的房地產，其中也結合了強而有力的區塊鏈技術。

＊韓國著名類大富翁型的遊戲。

假如《Upland》遊戲裡的 UPX 幣及房地產交易，只存在於單純的鏡像世界內，那只不過是《大富翁》的升級版罷了。然而倘若真的能依照 UplandMe 的計劃，將虛擬貨幣與實際貨幣連動，也許就能透過區塊鏈的加密貨幣創造出連結現實與鏡像世界的嶄新經濟活動。

4-10

94.4% 的韓國人移居進駐：
Kakao 宇宙

　　每個人選擇的電信業者各有不同，有 SK 電訊、KT、LG U+ 等，不過在網路上通訊時主要使用的工具都是 Kakao Talk＊。根據 2018 年的趨勢調查分析顯示，大家使用 Kakao Talk 這類通訊軟體的頻率遠高於一般的語音通話功能。無論你選擇的是哪一款手機型號、哪一家電信業者，當我們用智慧型手機聯絡別人的時候，最常使用的就是 Kakao Talk。Kakao 公司所打造的 Kakao Talk 已經躍居智慧型手機的核心軟體，也是人們最常使用的應用程式。起初 Kakao 透過 Kakao Talk 提供免費的訊息傳送服務時，並沒有什麼特別的

＊韓國最多人使用的通訊軟體，並逐步將觸角延伸至生活各層面的服務。類似於台灣的 LINE。

獲益模式。當時很多人因為便利性而喜歡使用 Kakao Talk，卻也擔心一間公司只經營這種不賺錢的服務是否可行。然而，這正是當時 Kakao 為了獲得「累積顧客群的價值」所做的準備。

消費者從產品、服務所感受到的價值，大致可以分為三個決定性的因素：產品和服務本身的獨立價值、互補品的價值，以及顧客群的價值。綜合這三大要素，就會形成消費者對於該產品、服務的價值認知。產品及服務本身的獨立價值是指該產品或服務本身所具有的價值，不包含互補品及與其他消費者的關係。互補品的價值代表從這些與產品或服務一併使用的輔助產品、耗材、服務中獲得的價值。顧客群的價值則是指使用者之間的連結性，這項價值會依據使用本產品及服務的整體顧客數量而決定其影響力。

以 Kakao Talk 為例，產品及服務的獨立價值在於 Kakao Talk 本身使用起來的便利性、及具備多少好用的功能；互補品的價值在於與 Kakao Talk 連動的外部服務或應用程式建立得多完善；顧客群的價值則在於用戶的朋友或同事中是否有許多人使用 Kakao Talk，假如我使用 Kakao Talk，身邊卻沒什麼人在用，彼此就無法收發訊息，那還有什麼用處呢？Kakao Talk 最強大的力量就在於有 94.4% 的韓國人都在使用

它。

Kakao Talk 以每月使用人數 3743 萬人（截至 2019 年 12 月
為止）位居第一，比第二名的 YouTube 使用者數遠多出 300
萬人。

Kakao 藉由 Kakao Talk 所獲得的顧客基數確實是相當龐
大，比韓國任何一間大企業都要來得多。與此同時，Kakao
也不斷將這些顧客群從現實世界的多元產業吸收到鏡像世界
中。最近大學生們在聚餐中經常玩一種遊戲，名為「白種元
（백종원）＊遊戲」。這個遊戲是要猜測白種元不曾做過的料
理，並輸入 Google 當中搜尋，假如搜尋結果的第一頁出現了
白種元的名字，就要接受處罰。要是搜尋泡菜鍋、炒血腸、
辣炒雞等常見的料理，所有搜尋結果的第一頁都會出現白種
元的名字。這也代表著沒有被白種元介紹過的食譜非常罕
見。就像這樣，想找出 Kakao 沒有涉獵的事業領域，就彷彿
是在玩白種元遊戲一樣。

以下大致整理出幾項 Kakao 將實體產業吸收到鏡像世界
的案例。在交通領域，Kakao 提供路線搜尋、叫計程車、代
駕、導航、公車路線介紹、捷運路線介紹、搜尋停車場等服

＊韓國知名的廚師、主持人、企業家及作家。

務。在金融領域推出了提供行動支付服務的軟體 Kakao Pay，以及提供線上股票交易、網路銀行服務的 Kakao Bank 等。在傳播媒體領域則由 Kakao Page 提供網路小說、網路漫畫、純文學等內容服務，同時經營影音平台 Kakao TV。除此之外，甚至還有支援髮廊預約的 Kakao Hairshop。這麼多元的發展，也讓我非常好奇 Kakao 所創造的鏡像世界元宇宙未來會將現實世界帶往何處。

以 2020 年 8 月為基準，Kakao 的市值為 285 億美元，在國內企業中排名第九，與第八名的現代汽車（市值 300 億美元）相當接近。Kakao 起初獲得的龐大顧客群，正逐漸成長為一個穩固且不易撼動的 Kakao 宇宙，並在各個領域深入地滲透我們的生活。

4-11

建立最龐大的實驗室：
創造出愛滋病疫苗的元宇宙

　　進行醫學研究都需要實驗室，尤其是必須在短時間內進行並完成困難研究時，就需要可以全天無休、持續運轉的大型研究室。接下來要介紹的就是在鏡像世界中設立這類研究室的案例。

　　華盛頓大學研究蛋白質構造的大衛・貝克（David Baker）教授，在 2008 年開發了《Foldit》平台。病毒的棘蛋白會抓附在人類的細胞表面並引發疾病，而治療藥物中所含有的特殊蛋白質構造則會插入病毒棘蛋白與細胞之間阻止感染。蛋白質的構造是由多種胺基酸相互連結所形成複雜的鏈狀結構，構造不同功能也隨之不同。華盛頓大學的研究團隊透過《Foldit》程式提供線上實驗室，讓一般大眾可以透過網路試著對蛋白質胺基酸鏈進行各式各樣的折疊。

當玩家進入線上實驗室，成功折疊出已知的病毒棘蛋白的蛋白質鏈，就能獲得相對應的分數並提高名次。雖然一般民眾並不具備相關的專業知識，卻能以多樣化的方式嘗試折疊蛋白質，在這過程中反而意外地比電腦隨機代入所有可能更可以建立出最佳化的結構。電腦處理速度雖快，但是人類的直覺和創意，更能以 3D 觀點掌握蛋白質盤根錯節且複雜的胺基酸構造。

Foldit 這個程式在 2011 年受到極大的矚目。無數的科學家們歷時十年也無法解開愛滋病治療藥物所需要的蛋白質構造，然而當六萬人一同在網路上參與這項計劃後，僅僅花十天就解開了。這項結果在 2011 年 9 月 18 日，以〈蛋白質折疊遊戲的玩家們解開了單體逆轉錄病毒蛋白酶的晶體結構（Crystal structure of a monomeric retroviral protease solved by protein folding game players.）〉為題發表於《自然》（Nature）科學系列期刊生物學領域的子刊*上。

2020 年春天，華盛頓大學研究團隊為了開發新型冠狀病毒的治療藥物，上傳了與新型冠狀病毒蛋白質構造相關的新

---

*發表於《自然－結構與分子生物學（Nature Structural & Molecular Biology）》。

任務。直到 2020 年 9 月，大約已經有 20 萬人接觸到元宇宙中龐大的線上實驗室，並持續進行共同實驗。此外，也不會因為有其他製藥公司或研究單位更早解決了這個問題，就讓 20 萬人傾注的努力變得毫無意義。由於病毒特徵可能會隨著時間的流逝發生各種突變，所以事先掌握大量的蛋白質設計資料可以在類似情況中帶來龐大的幫助。

除了《Foldit》以外，在線上空間的鏡像世界裡還有各式各樣的實驗室。普林斯頓大學（Princeton University）的承現峻（승현준）教授便開發了一款找出白老鼠視網膜神經細胞連結構造的遊戲——《EyeWire》。以一般民眾共同參與的實驗成果為基礎，結果在 2018 年發現了 47 條眼睛和腦之間新的視覺通路。麥基爾大學（McGill University）也開設了一款名為《Phylo》的實驗性遊戲，能找出遺傳因子解讀錯誤的地方。在兩年之間有 2 萬多人參與，並找出了 35 萬個遺傳因子的解讀錯誤，成果豐碩。

為了對付接連不斷出現並危害人類的疾病、病毒，研究者們在線上的鏡像世界裡建立了巨大的實驗室。此時此刻，世界上也有無數的參與者在這個鏡像世界中為了解開疾病的祕密而共同努力著。他們相當徹底地使用了鏡像世界的特徵，也就是：效率性與擴張性。

4-12

映照出悲傷的鏡子：
《癌症似龍》

　　遊戲製作人萊恩‧格林（Ryan Green）和艾米‧格林（Amy Green）的孩子喬爾（Joel），由於兒童癌症*而離開這個世上。他們為了追憶喬爾，設計出一款名為《癌症似龍（That Dragon, Cancer）》的遊戲。大部分的遊戲通常都具有虛擬世界的特徵，然而《癌症似龍》會被當成鏡像世界的原因在於它並不是一個虛構的故事，我們可以將這款遊戲想成是把現實世界中喬爾短暫五年的人生歷程映照到鏡像世界中。

　　遊戲當中的主角喬爾，在出生 12 個月後的 2010 年末被診斷出罹患兒童癌症。雖然一開始醫生通知喬爾只能再活四

---

*非典型畸胎橫紋肌樣腫瘤（atypical teratoid/rhabdoid tumor; 簡稱 AT/RT）。

個月的時間，但是喬爾活了四年之久才離開這個世界。《癌症似龍》這款遊戲的架構，是根據萊恩和艾米守護在喬爾身邊艱辛奮鬥的經驗而來。遊戲當中會輪流以第一人稱視角與第三人稱視角進行。過程中會重現喬爾與父母經歷的事件，同時讓玩家做出決定並行動。

雖說是鏡像世界，不過遊戲裡並沒有透過畫面一五一十地將現實的痛苦投射出來。喬爾在醫院裡睡在兒童病床的模樣，以迷你賽車遊戲的方式呈現；當父母得知喬爾快要過世的消息時，則是以病房中形成一片汪洋，而玩家在其中奮力掙扎來描述。遊戲的結局跟現實並無不同。儘管帶著父母焦急的心撫觸陷入水中的孩子、將他送上水面，然而孩子最終還是無法離開水面。即使再重玩一遍，也是一樣的結果。

《癌症似龍》這款遊戲會引導玩家對喬爾的痛苦、父母的痛苦產生共鳴。只是一般我們都以戲劇或小說等一方訴說、另一方傾聽的形式來傳達這類型的故事。然而《癌症似龍》並不是透過言語傳達別人的經驗或情緒，而是選擇了讓玩家直接進入鏡像世界中做出選擇、行動、接觸，同時理解並產生共鳴的方式呈現。在前面提過鏡像世界的特徵是效率性與擴張性。在鏡像世界的案例中的確有許多反映這些特徵的消費性商業模式。然而，倘若再次思考到「鏡像世界是因

為人類擁有鏡像神經元才能存在」的這一點，也讓我們不禁期待往後是否會誕生出更多為人們帶來深層共鳴的鏡像世界元宇宙。以下節錄一段《癌症似龍》這款遊戲的開發者艾米2017 年在 TED 演講上發表的內容。

「我們設計了一款很艱難的遊戲，但這就是我想要的。因為人生中的困難時刻，比起人生中達成的任何目標更能大幅改變我們。悲劇轉變了我的心，比任何我實現的夢想帶來的轉變都還要更多。謝謝大家。」

4-13

元宇宙的未來和陰暗面 #4：
《粉紅色平等》

　　接下來我想要介紹的是稱為《粉紅色平等》的元宇宙，這是出現在我創作的短篇小說裡其中一個元宇宙。在《粉紅色平等》這個故事裡，現實生活中的主角們都被困在地底下的居所，他們在地面上創造了鏡像世界，並將自己的虛擬化身送到那個鏡像世界中生活著。雖然現在的我們是為了把現實世界擴大、過得更舒服才創造了鏡像世界，不過諷刺的是，在《粉紅色平等》一文所呈現的元宇宙中，現實世界與鏡像世界彼此的立場剛好對調。

　　請試著用有趣的角度閱讀以下的故事，希望各位能用自己智人的想像力嘗試思考出：鏡像世界元宇宙會引發什麼問題、大家所期待的鏡像世界元宇宙是什麼模樣，而未來又會出現何種新的鏡像世界元宇宙。

．．

#《粉紅色平等》by 金相均
於 2020 年 6 月 29 日發表

「多恩、金多恩，現在該起來囉！好，請睜開眼睛看著我。」

長久以來被冰凍的多恩，身體一點一點地有熱氣聚攏。血液的溫度從心臟出發，到達了腳尖、指間、還有眼皮，多恩隔了數十年再次睜開眼。在流瀉的燈光之間，他看到了五個人。

「嗯，這、這裡是哪裡？」

「真是太好了。你的生命徵象一切正常，意識也都恢復了。你可能短時間之內還會覺得有點迷茫。你可能想不太起來，不過多恩你在 2025 年被宣告了白血病末期，所以這段期間以來，你一直都是以冬眠狀態度過的。」

2025 年、白血病、冬眠，原本沉睡的無數記憶一時之間在多恩的腦中被喚醒。

「如今開發了能完美治療白血病的藥物，此外讓處於冬眠狀態的患者安全甦醒的技術也已經普及，所以多恩你才再

次醒了過來。稍早之前，我們已經幫你投下了治療白血病的藥物，現在起你不必擔心任何事情，健健康康地生活下去就行了。」

「恭喜你，多恩。」

「你臉上恢復血色後，變得更漂亮了。哇！好神奇！」

「就是啊！像這樣實際看到真人的模樣，實在很新鮮！」

站在多恩床邊的人們都穿著白袍，你一言我一語。

多恩眼睛多眨了好幾下，覺得有什麼地方非常奇怪。映入多恩眼簾的他們都有著粉紅色的皮膚，所有人的臉也都長得一模一樣。

「你一定很驚訝吧！稍後萊斯利會為你作說明，你先睡一下吧！」

過了兩三個小時，多恩再次睜開眼睛。胸前掛著萊斯利名牌的人在床邊坐了下來。

「多恩，從現在開始請仔細聆聽我說的話。你可能會感到十分混亂，不過這並不是什麼太差的環境。」

多恩從冬眠中甦醒之後，這個世界改變了很多。由於臭氧層被破壞，導致太陽輻射長驅而入，讓遠古病毒從融化的永凍土層中甦醒，所有人類為了避免感染都選擇躲藏在地底

下的住所中各自隔離。而每一個躲藏在地底下的人類，都操縱著自己的虛擬化身代替自己在地面上的生活。多恩遇見的那五個粉紅色的人全都是虛擬化身。

「萊斯利，為什麼所有的虛擬化身都長得一模一樣呢？除了胸前掛著的名牌、穿的衣服和戴的首飾之外，大家的外型和臉蛋都一模一樣。」

「我聽說這是為了追求一個沒有差別、完全平等的世界，才決定如此創造的。這是很久很久以前的事了。所有人都是粉紅色的皮膚，一樣的身高、長相，讓人無法分辨出性別、人種、年齡。

「語言也是如此。當你用自己的母語說話，對方聽的時候就會轉換為他自己的母語。這麼一來也不會知道彼此的國籍。就連跟我一起工作的同事們，我也不知道他們的性別、年齡、國籍、人種之類的資訊。」

「啊，怎麼會……」

「多恩也只會在這裡待幾天，接下來你就會移動到幫你安排好的地下碉堡住處，之後也會為你配置虛擬化身。啊，對了！從現在開始，你沒辦法再繼續使用多恩這個名字了，必須改成難以推測性別的名字才行。另外，操控虛擬化身的方法並沒有那麼困難……」

多恩很難專心聽進萊斯利的說明，全身彷彿與床融為一體，再次進入了夢鄉。某個瞬間醒過來之後，發現身旁坐著一個人，是一開始喚醒多恩的菲尼克斯。他將一副小型眼鏡遞給多恩。

　　「你的父母留給你的遺產非常多，他們過去投資的資產在你冬眠的這段期間增加了數十倍。所以我想問問你，是否願意購入這款特殊眼鏡。」

　　「這是什麼眼鏡呢？」

　　「首先，這副眼鏡是非法的，只是絕對不會被抓到。富人階層中也有不少人使用這款眼鏡。只要讓自己的虛擬化身戴上這副眼鏡，立刻就能知道對方虛擬化身的性別、年齡、國籍、人種等資訊。甚至連學歷、資產、宗教、職業，也會立刻以遊戲狀態欄的形式呈現。如果多恩不了解你所遇見的虛擬化身，喔不是，是背後操縱虛擬化身的人，不是會覺得有點奇怪嗎？不會嗎？一旦戴上了這副眼鏡，馬上都能了解。我自己也想擁有一副這樣的眼鏡，但我沒那麼多錢。不過要是多恩你買了這副眼鏡，我就能拿到一點回扣。」

　　「其他虛擬化身不知道我是誰，我卻知道他們的虛擬化身是誰，這樣好嗎？」

　　「沒錯，就是這樣。你理解得真快。怎麼樣，想買一副

嗎？你必須在離開前做出決定才行。」

　　多恩又再一次陷入深沉的夢鄉，他看到了在進入冬眠之前、自己 20 幾歲的模樣。自己跟幾個朋友坐在一間咖啡館裡閒聊。不過奇怪的是，他們都有著一模一樣的粉紅色臉龐。在粉紅色虛擬化身還沒出現的那個世界，那時多恩的朋友已經是粉紅色虛擬化身了。

PART 5

虛擬世界：
創造出前所未有
的世界

5-1

新世界＋溝通＋遊戲 ＝虛擬世界

　　終於來到第四個元宇宙——虛擬世界了。擴增實境元宇宙，是在現實之上再加入虛擬影像、新奇事物、奇幻世界觀或故事所建造而成的世界。生活日誌化元宇宙，是人們可以透過文件、影片等各種方式分享自己的生活紀錄，並彼此鼓勵的世界。鏡像世界元宇宙，是如同照鏡子一般將現實世界體現於元宇宙中，讓人們能更有效率地做到更多事情的擴張型元宇宙。最後一個元宇宙——虛擬世界，則是完全不存在於現實且截然不同的新世界。

　　在虛擬世界元宇宙中，會先設定好與現實不同的空間、時代、文化背景、登場人物、社會制度等，並在其中度過生活。第一部的內容裡，我們提到哈拉瑞在 2015 年所出版的《人類大命運》*一書。其中談到人類希望能成為神並過著

永恆的生活，不斷追尋著幸福。因此想在自己創造的新世界中，讓自己創造的人工智能角色和人群相容並存。在現實世界的生活中複雜且該做的事已經夠多了，為什麼偏偏要聚集到虛擬世界裡做些什麼呢？

人們在虛擬世界中並不會使用自己本來的模樣，而是會藉由虛擬化身行動。第一，為了享受探險。人們會以探險家、科學家等姿態穿梭於虛擬世界，體驗整個虛擬世界的世界觀、哲學、規則、故事、地形及各種事物，並享受發現新大陸。第二，為了享受溝通。人在虛擬世界裡可以跟現實世界中已經認識並往來的朋友再次見面，或是跟連一次都沒見過的人溝通對話。透過這樣的對話交流，可以更深入了解已經有交情的人，也可以跟在現實世界中素未謀面的人成為朋友。第三，為了享受成就感。人們可以獲得存在於虛擬世界的裝備及數位資產，也能獲得更高的級別和權限。此外，當好幾個人聚在一起、齊心合意達成同一個目標時，也能因為實現自己的想法而感到開心。

虛擬世界大致上分為遊戲型態及非遊戲型態。

＊本書的希伯來文版於 2015 年出版，2017 年由 Vintage 出版英文版，繁體中文版則由天下文化於 2017 年出版。

遊戲型態的虛擬世界有玩家們熟悉的：《魔獸世界（WoW, World of Warcraft）》、《要塞英雄（Fortnite）》、《天堂（Lineage）》等，這些遊戲都屬於虛擬世界。在具有遊戲特性的虛擬世界中，玩家們會在一定規則內彼此競爭或合作，同時篩選出優勝者，或為了達成共同目標而朝同一個方向前進。另一方面，像《機器磚塊（Roblox）》、《第二人生（Second Life）》等，單純以聚集多人一起相處為目的而建立的虛擬世界，則是屬於社群型的虛擬世界。

　　這裡提到的《魔獸世界》、《要塞英雄》、《機器磚塊》等，會在接下來進一步詳細說明。

　　一般來說，參與在虛擬世界的成員大多都是現實世界中年齡層較低的族群。年齡層較高的世代和父母們通常無法理解年輕世代和自己的孩子為什麼會喜歡這種虛擬世界，並感到擔心。長輩們認為前面所提到的探險、溝通和成就感的喜悅，應該要在現實世界中享受才對，反而還會質疑為什麼需要進入虛擬世界？在許多學生家長參加的大型演講會場上，偶爾會有人問我：「我的另一半下班一回到家馬上就沉迷在遊戲世界裡，都已經長大成人了，到底為什麼還要玩那個呢？」無論是小孩或大人，會停留在虛擬世界中的人原因大多很相似。那就是他們在現實缺乏探險、溝通、成就感的樂

趣，才會產生渴望。

孩子們每天上學，他們能感受到什麼探險的喜悅呢？雖然每天都會學到新知識，但比起深入探討每一項知識、進行各種觀察，他們更是忙著要在短時間內把所有知識塞進腦中。至於忙於職場生活的大人們又經歷了多少探險呢？每個人都正為了顧客數、銷售量、工作速度等指標，也為了讓自己的工作最佳化而疲於奔命。即使每年都會找一個禮拜的時間去某個地方旅行，不過也很難發現什麼，因為整個人已經身心俱疲。對於只看著前方不斷奔馳的人、只走在被決定好的路上的人而言，並不會有所謂的探險。

在職場中的我們，每天要開好幾次會、收發數十封的郵件、回覆不斷響起的訊息聲。在這種情況下有可能充分溝通嗎？孩子們在學校和補習班裡跟朋友度過一天中大部分的時間，然而他們看到的只有教材、聽到的也只有老師的話而已。當我們從職場或學校回到家裡時，問問自己：「我今天有多滿意我的人際溝通？」並試著幫自己評個分吧！滿分 10分能獲得幾分呢？「我在跟別人溝通的過程中享受了什麼呢？」如果對於這個問題，我們只能想到跟同事之間簡短聊聊的下午茶時間、或是在搭乘校車前往補習班的路上和朋友短暫談個天這種程度的話，我們絕對需要更多溝通。我們在

學校或職場中，有充分達成了什麼、並感受到喜悅嗎？在學校的孩子認為什麼才是獲得成就感的標準呢？假如是以考試成績、名次、獎狀等作為成就感的標準，那就必須得到相當高的評價，才會認定那是成就感。更常發生的狀況是，我們在職場中所做的工作對於組織和公司帶來的影響並不明顯，或是根本不被認同。雖然我們在學校和職場裡度過人生中的重要時光，卻很難在其中找到充分的成就感。

　　並不是因為在現實世界中缺乏探險、溝通和成就感，就理所當然地要在虛擬世界中享受這些東西。然而有些探險、溝通和成就感只能在虛擬世界中享受，跟現實世界相比，在虛擬世界中所能體驗的事更多、也更有效率。反過來說，不是只在虛擬世界，我們也應該要更多地強化我們在現實世界中的這些經驗。

　　或許有人會質疑：「虛擬世界中的探險對生活在現實中的我們會有什麼影響呢？」我會透過接下來的內容稍做說明。虛擬世界已經緊貼在現實世界旁共存著，接下來讓我們來看虛擬世界該如何彌補現實世界的缺乏、以及虛擬世界元宇宙現在與未來的面貌。

5-2

先讓孩子在現實世界建立歸屬，年輕野蠻人的遊樂場

　　有些人會擔心身處在虛擬世界中的人會突然變得暴力。尤其是父母，特別會擔心孩子在虛擬世界中享受遊戲的同時，也會在遊戲中做出野蠻、魯莽的行為。如果先從結論來看，其實不論是誰在這個年紀同樣都會做出野蠻且魯莽的行動。

　　人類大腦中的額葉皮質（frontal cortex）會在 20 到 22 歲＊的時期發育成熟。額葉皮質位於大腦部位中靠近額頭的位置，負責調節衝動、計劃並管理時間，同時引領我們做出批判性及合理性的思考。在確立目標、達成目標方面，也扮演著讓我們執行計劃的角色。我們說話或行動之前會事先思

＊韓國以虛歲計算，出生時即算 1 歲。

考並做出選擇，這也是由額葉皮質負責。而孩子的額葉皮質尚未發育完全，所以有時候會在現實世界、虛擬世界這兩個地方做出缺乏計劃且暴力的行為。

有許多荷爾蒙與人的情緒相關，我們來看其中的多巴胺（dopamine）、睪固酮（testosterone）、皮質醇（cortisol）這幾項。多巴胺是與刺激相關的荷爾蒙，從人類出生開始到 20 歲前後，這項數值會持續升高；這表示在這時期，人會漸漸地想要尋求更多刺激。睪固酮是跟控制欲相關的荷爾蒙，會隨著成長不斷上升，到 20、30 歲時期達到最大值；在睪固酮數值上升的期間，人會不斷想用力量壓制別人、好勝心也會持續增強。多巴胺和睪固酮的數值達到巔峰之後，就會隨著年齡的增加慢慢減少。皮質醇則是均衡相關的荷爾蒙，數值的變化與前面提到的多巴胺、睪固酮呈現相反的趨勢。皮質醇主要會在人遇到失衡或承受壓力的狀況下分泌，促使我們快速讓自己安定下來並維持均衡。然而孩子在滿 20 歲之前，皮質醇的數值都會一直下降。這意味著在 20 歲之前，他們心裡並不會認為自己必須要找到平衡、維持安定。綜合分析就讀國高中的孩子們的荷爾蒙狀態，就會發現：不斷升高的多巴胺數值會使他們追求接連不斷的刺激，同時讓他們無法處理不停攀升的睪固酮數值，導致他們與人發生衝突時，無

論如何都想要贏過對方。相反地，不斷下降的皮質醇數值，就會導致對這些刺激、爭執所引發的不均衡和不安狀態不以為然。

在就讀國高中的時期，人的大腦與荷爾蒙尚未發育完全，狀態也還不穩定。侯塞爾（Hans Georg Häusel）的著作《Brain View》，韓文版翻譯為《大腦，解鎖欲望的祕密》*，書中提到孩子的頭腦與內心正呈現出「年輕野蠻人」的狀態。這樣的比喻雖然看起來不那麼文雅，卻能讓人立刻心領神會。因為是年輕的野蠻人，所以他們不僅是在虛擬世界，連在現實世界中也經常橫衝直撞。然而，並不是因為大腦和荷爾蒙本來就會造成這種現象，便不需要任何擔心。這裡只是要說明，虛擬世界並不是造成孩子粗暴又魯莽的元凶。無論是在現實世界或虛擬世界，這個時期的孩子就像是一顆亂彈亂跳的皮球，不知何時會跳入危險的地方。因此在這兩邊的世界中，我們都必須仔細觀察並守護孩子，讓他們不至於失衡、犯下重大錯誤。

雖然十分罕見，不過有些孩子是一出生就被遺棄在野

---

*目前尚無中文譯本，原德文書名《Brain View: Warum Kunden kaufen》，直譯為：《大腦視圖：客戶為什麼購買》。

外、或是處在完全與世隔絕的狀態下獲救的。我們不知道這些孩子是不是能像《森林王子》（*The Jungle Book*）裡的主角毛克利（Mowgli）一樣在野外跟動物們溝通，但觀察這些獲救的孩子會發現，他們在文明社會裡學習人類語言時的確遇到了很大的困難。人的大腦在出生後 3 年內會增加 1 公斤，成長速度非常快。這個時期在野外過活的孩子，他們大腦的語言功能、人際溝通功能在無法正常發育的狀況下便停止成長。有些父母會把智慧型手機、電腦拿給小孩子，讓他們看 YouTube 影片或是玩線上遊戲。不能讓我們的孩子在還不熟悉現實世界人際溝通的狀況下，便先接觸到元宇宙。這是因為只生活在元宇宙裡的孩子，一不小心就會變得像是從野外獲救的孩子一樣，無法在現實世界裡跟人溝通，只能感受到深層的孤獨與挫折。

我們可以預期往後將會出現更多元的元宇宙，元宇宙中的社會、經濟互動也會持續增加，但一定要讓我們的孩子先在現實世界中站穩腳步，這點無庸置疑。

前面提到過孩子在大腦與荷爾蒙的特徵上，像是年輕的野蠻人。那麼父母和老師應該要如何對待這樣的孩子呢？假如孩子在還不熟悉現實世界的溝通方法之前，只關心虛擬世界的話該怎麼辦？這時，建議先思考並檢視我們與孩

子之間的關係如何。人際關係大致可分為兩種，一種是交換關係（exchange relationship），一種是共有關係（communal relationship）。交換關係是指單純認得出彼此是誰的人、一起經營事業的人、為了獲得好成績而進行團隊合作的人、為了達成某個目標而分配角色各自負責的人們之間的關係。共有關係則是指因為愛情和友情而相互連結的關係；與對成功的追求或利益的渴望無關，而是會關心對方的幸福與平安的人際關係。必須先檢視我們跟孩子之間的關係是交換關係和共有關係中的哪一種。各位覺得父母與孩子之間、或是老師與學生之間，就理所當然都會是共有關係嗎？當一段關係中擁有愛、依附關係、歸屬感時，無論雙方的社會角色是什麼都可以稱為共有關係。所以建立愛、依附關係和歸屬感才是最終答案。其中一個左右人是否能從彼此身上感受到這些情緒的重要荷爾蒙，就是催產素（oxytocin）。

催產素會讓我們覺得彼此更靠近，同時也會更寬容地接受彼此的行動與想法，並幫助我們體諒對方並解決問題。那麼，該怎麼做才能產生更多的催產素呢？就是要經常在心理與情緒層面表現出我們對他人的溫暖心意。如果是家人，可以在一天中擁抱彼此兩三次，並告訴對方：「因為有你，我很幸福。」假如做錯了什麼，就必須真心道歉；假如該感謝

什麼，就要以言語和行動表現出來。即使真心傳達了，對方也可能沒辦法完全接收到，因此絕對不能都不表達，還期待對方能理解。罵對方「壞男人」，他只會聽到壞男人這三個字而已。

　　希望各位都能對於表達情緒更加熟練。在煩惱該如何跟孩子約定、以及孩子不遵守約定時該給予什麼懲罰之前，建議可以把焦點更著重於建立歸屬感深厚的共有關係上。當彼此擁有強烈的歸屬感，就不必過於擔心年輕野蠻人了。

5-3

失敗了重來就好：
培養超人的遊樂場

　　英國的哲學家暨政治家──洛克（John Locke）認為：人的心靈如同「白板（tabula rasa）」。意思是沒有寫上任何東西的乾淨石板，代表人出生時就像一張白紙，會在生活的過程中慢慢填入內容，並逐漸形成自己的模樣。相反地，柏拉圖（Plato）在《費德羅篇》（Phaidros）中提到：隨著上輩子怎麼生活，會決定這輩子的人生。上輩子努力追尋真理的靈魂，在這輩子會成為等級最高的藝術家或音樂家來生活。上輩子過得有點缺失的人，這輩子則會成為貴族、政治家、哲學家等。我認為將創造新事物的藝術家、音樂家生活視為人類最高階段的這一點，十分有趣。

　　接著，我們來了解尼采所提出的哲學上理想的人類形象──超人。尼采說的超人並不是超能力者（superman），從

意義上來看更接近超越自己的人（overman），代表能超脫支配既有環境的系統及社會一般道德等的束縛，表現出自我、同時創造出嶄新可能性的人類，呈現出人類挑戰並克服危險的姿態。尼采也談到，人為了成為超人必須經歷三個階段的變化，按照順序來說就是：駱駝、獅子、小孩。駱駝的背上都會馱著沉重的包袱，意指順服社會上既有的規則和期待的人。他們必須在背負沉重包袱的情況下，度過服從的生活。獅子會用尖銳的爪子與阻擋自己的事物爭戰，贏過阻擋自己的事物之後便會按照自己的想法行動。獅子雖然沒有清楚了解自己想要的是什麼，但至少擁有敢於脫離既有事物的勇氣。小孩象徵純真，能不帶任何偏見地接受在駱駝和獅子階段上累積的經驗，而且也容易放下不好的記憶。小孩會創造自己想要的規則來玩遊戲，同時以純真的心接受自己曾經經歷的生活過程，並像玩遊戲一樣開心地享受人生。

在現實世界裡，我們什麼時候能像藝術家或音樂家一樣盡情地創造新事物呢？我們在現實世界又是以駱駝、獅子、小孩當中的哪個模樣度過人生呢？人們在虛擬世界中不斷地追求新事物，一直擬定新任務、新事件、新戰略。

即使挑戰失敗也不會太過氣餒，反而能單純地享受創造新事物的過程。在虛擬世界中可以逃離失敗時可能面臨責難

的枷鎖，恣意地追求新事物。虛擬世界裡的我們可以成為獅子。就算有長期統治這個社會的規則、就算統治者的力量再強大，我們也能像獅子一樣戰勝阻擋自己的事物。而且還能像小孩一樣，帶著單純的心彼此相處玩樂。無論是碰到失敗或遊戲玩得不好，都能立刻拋在腦後，繼續回到遊戲裡。人們在虛擬世界元宇宙中，可以展現出柏拉圖所說的最棒的人類、尼采所說的超人等面貌。或許有人會認為即使在虛擬世界裡那樣生活，也無法對現實世界帶來任何影響，而給予極低的評價；然而我們在虛擬世界裡所做的選擇和行動，這一切都是我們的經驗和生活的一部分。儘管我們沒有直接以身體去觸碰、去體驗，可是我們仍然可以透過書籍的間接經驗學習到許多事情。從這點來看，虛擬世界元宇宙的經驗與我們現實世界的生活也是連結在一起的。

有一款遊戲的名稱叫做《美國陸軍（America's Army）》，在遊戲中有一項任務是擔任醫療兵並接受訓練。有一位玩過這個遊戲的玩家帕斯頓（Paxton），他行駛在高速公路上時目睹了前面一輛 SUV 休旅車翻覆的大型事故。事故現場雖然聚集了很多人圍觀，但所有人都驚慌失措、不知道該怎麼處理。帕斯頓腦中浮現了遊戲裡當醫療兵救人的經驗。不知道哪裡來的勇氣，帕斯頓從翻覆的車輛中救出乘客，將傷者的

手臂高抬過頭、加以止血等，執行了急救措施，照顧傷者的安全直到救護車到來。

2017 年，一位駕駛行駛在愛爾蘭的公路上，忽然間在車內失去了意識。駕駛是一位 79 歲的男性，他失去意識之後全身向前傾，一腳仍然踩在油門上。當時，在那位男性身旁一起搭車的是他 11 歲的孫子。這個小男生用一手搖醒爺爺，另一手抓住方向盤、讓車子免於撞到危險的障礙物，同時逐漸減速，最後把車停了下來。在事故發生的瞬間，小男孩想起了自己玩過的駕駛遊戲經驗，並沉著應對。

另外在 2001 年，有一位玩過《天堂》遊戲的玩家，他的家人在生產過程中因為失血過多而有生命危險。這位孕婦的血型是 RH 陰性 O 型，要找到同樣血型的人並不容易。這名玩家想到了平常一起玩《天堂》的許多使用者，於是他立刻連上《天堂》，發布訊息表示有孕婦碰到危急情況、需要緊急輸血。而這群在現實世界中並沒有碰過面的人們做了什麼呢？《天堂》官方立刻把這則消息設為遊戲公告，公告 5 分鐘之後就找到了能為這名孕婦輸血的人。官方也特別製作了特殊武器作為禮物，送給這位捐血者。這項禮物是《天堂》遊戲裡的一項特殊裝備，被稱為「生命之劍」。

讓我們感到意外的是，有許多案例一再地顯示虛擬世界

和現實世界具有高度連結性。當然，虛擬世界的經驗在現實世界呈現出來的並不總是積極正面的樣貌。在現實世界中亦然，昨日的經驗對於今日的我們而言，有時會成為光芒、有時會成為暗影來到我們的生命中。真心希望我們能一起創造出為現實世界帶來光芒、帶來美好經驗的虛擬世界元宇宙。

透過替代經驗學習：
心理狀態模擬平台

　　有一項測驗將一群學生分成三組。測驗者要求 A 組學生想像自己正在準備考試、努力唸書的畫面；要求 B 組學生想像自己拿到很高的分數並感到開心的樣子；對於 C 組學生則沒有引導他們做出任何想像。實際考試之後，這三組學生的成績如何呢？統計結果顯示在這種形式的測驗中，A 組學生比 B、C 兩組學生獲得更高的分數，而 B 組和 C 組的測驗結果非常相似。

　　接下來，測驗者要求學生們試著寫下自己現在承受的壓力是什麼。

　　大部分學生寫的主要是因為課業成績而來的壓迫感、與家人或朋友的人際關係之間產生衝突矛盾等。於是再次將學生分成三組給予指示，運用了與上個測驗相似的操作方式。

測驗者要求 A 組學生思考他們的壓力來源是什麼、對他們帶來什麼影響、為了解決這份壓力做了什麼、及感受到何種情緒。B 組學生則是讓他們想像在壓力解除後所感受到的安定情緒。至於 C 組學生同樣沒有特別做出任何指示。過了一段時間之後，再次了解這三組學生如何處理壓力。結果發現 A 組學生對於如何處理壓力並制訂計劃的應對能力明顯提升。而 B 組和 C 組同樣沒有太大的差異。

在這類心理狀態模擬的實驗中，A 組進行了過程模擬，並藉由想像練習執行用意和過程。B 組則做了結果模擬，他們將重點放在想達成的目標上進行想像。由此可知，過程模擬對於創造出好的結果能帶來極大的幫助。在虛擬世界中，我們可以進行各種嶄新的挑戰、與陌生人變得親近，或是解開跟認識的人之間產生的誤會等。這些虛擬世界的經驗可以帶來與心理模擬類似的效果。

另外，虛擬世界裡也更容易觀察別人的行動。像是可以觀察並一一學習其他人會擬定什麼戰略解決看似不可能的任務、與別人發生衝突時會如何應對、及發現新事物或新空間時會如何行動等等。這類型的觀察活動能提升身為觀察者的自信心及自我效能（self-efficacy）。透過觀察而來的學習被稱為替代經驗（vicarious experience），在虛擬世界裡也跟現實世

界裡一樣，替代經驗能為我們帶來很大的幫助。

當我們看到別人挑戰、嘗試錯誤的時候，也會開始社會比較（social comparison）*的過程。虛擬世界的優點就是能夠以更快的速度、更多元的方式產生這種替代經驗及社會比較的過程。

前面提到了心理狀態模擬與虛擬世界的關係、以及在虛擬世界透過觀察獲得替代經驗的效果。然而這並不表示呆坐在位子上、光是沉浸在虛擬世界裡是一件好事。這次，測驗人員一樣將受測者分為三組。A組的人被要求坐在輪椅上，由別人在後面推著他們繞公園一圈；B組的人被要求看著一面白牆，同時在室內走來走去；C組的人則被要求靜靜坐在室內。

先以這個方式引導他們擁有不同經驗，接著再分別測試這三組人的創意力，結果有什麼差別呢？結果顯示B組的創意力最高。

比起A組坐在輪椅上被推著欣賞公園裡的美麗風景，只

---

* 社會比較是指在缺乏客觀比較標準的情況下，個人為了解自己的想法和能力，因此藉由與他人的比較來達到自我評估的目的。（引用來源：國家教育研究院）

看著一面白牆卻實際活動自己的身體，這對於創意力更有幫助。而欣賞公園風景的人，其創意力又比單坐在室內的人來得高。不必多作說明，相信大家都知道我們的大腦與身體相互連結。當身體活動時，大腦也會更活躍地運作。因此我們的確可以享受虛擬世界的好處，但更應該在現實生活中活躍地活動。

在虛擬世界戰勝過疫情的《魔獸世界》

人類的大腦主要會追求三種情感，這三種情感分別是支配、刺激及均衡。支配是指在戰場上獲勝、擊退敵人、或對別人下指令等，並從這些行動中獲得的滿足感。刺激是指聽見新音樂、看見新影像、到陌生的地方旅行、或是與新的人往來，並從這些經驗中獲得探索、發現等相關的情緒。均衡則是指想維持安定感的情緒，想避開危險狀況、令人害怕的事物、不確定的環境因素等的心理。

我們踏入元宇宙的原因，簡單來說是因為在現實世界無法充分感受到這三項情感中的某一項或全部。舉例來說，不同的交通工具可以為大腦帶來不同的情緒。雖然以功能來看，都同樣是讓人可以從一個地方移動到另外一個地方的方法，不過我們騎腳踏車時、搭乘自小客車時、搭敞篷車時，

我們的大腦會感受到不同的情緒。

當我們搭自小客車時，會覺得符合經濟效益而感受到均衡的情緒；但是搭敞篷車時則是會感受到伴隨著強烈刺激感及表現欲的支配感。另一半開兩個小時的車下班後回家還願意在深夜玩賽車遊戲，是因為比起均衡更想感受到刺激、支配感。然而人們在虛擬世界元宇宙提供的遊戲中，不單只會追尋無限的刺激與支配感，也會想展現出比現實世界更令人感動、更崇高的一面。接下來要提到的就是《魔獸世界》中的戲劇性故事。

《魔獸世界》是國際知名遊戲公司暴雪娛樂（Blizzard Entertainment）所開發的遊戲，簡稱為 WoW。

暴雪娛樂同時也是開發出《星海爭霸》（StarCraft）的公司，這款遊戲為韓國電競產業的誕生提供了重要的背景條件。

《魔獸世界》從 2004 年開放至今依然受到許多人的喜愛，是仍在運行的虛擬世界元宇宙。這個世界裡有 13 個種族、11 種職業，是由艾澤拉斯、外域、德拉諾等區域構成，據推測總大陸面積比韓國更大。在《魔獸世界》元宇宙最多人的時期，使用者人數超過 1 千萬人。

2005 年 9 月 13 日，《魔獸世界》引爆了一個相當嚴重

的問題。遊戲推出了一位新的 Boss「奪魂者血神——哈卡」，這個 Boss 的角色特徵是會向進入副本地圖的玩家施放病毒咒語讓其染疫。一旦被感染，玩家的生命值就會隨著時間被消耗，最終死亡。所幸這道咒語只能在限定區域內傳播，只要離開該地區，疾病就會自然痊癒。然而，職業獵人玩家在《魔獸世界》裡可以馴化野生動物當成寵物的設定，產生了極大的漏洞。玩家將自己的寵物帶進哈卡所在的地區，當寵物染疫後，即使離開該地區也不會自然痊癒。

這表示，瘟疫病毒仍會保留在寵物身上並被帶到其他地區。等獵人進入主城，獵人身邊的寵物便會將瘟疫傳播給在主城中的其他玩家，甚至是 NPC（非玩家角色，Non-Player Character，因應遊戲世界觀及劇情需求而登場的人物，非由玩家操控，而是憑藉電腦演算法或人工智能行動的角色）。問題便出在被感染的 NPC。絕大多數的 NPC 不會死亡，且具有生命值可持續回覆的特性，所以當他們沒有死亡且持續跟其他人接觸時，便有許多人在這過程中感染。這場瘟疫以相當可怕的速度傳播開來，讓元宇宙陷入極大混亂，不過這也讓虛擬世界元宇宙的人們各自扮演各自的角色並付諸行動。

職業有治療技能的玩家開始免費幫其他玩家治療，部分玩家也自發性的組成民兵組織引導其他使用者不要湧入感染

人數很多的疫區，同時也避免傳染者多的疫區玩家隨意離開。在這過程中，擔任治療者、民兵組織的玩家之間也出現了交叉感染的狀況；也有玩家不懷好意，故意誘導其他玩家到疫區、或是明知自己被感染仍然進入人多的地方，甚至是拋售沒有任何療效的藥物謊稱能治癒瘟疫。最後是由經營元宇宙的公司——暴雪娛樂直接出面修正問題，才讓整個事件告一段落，官方也調整了哈卡的能力設定，避免同樣問題再次發生。

以色列的流行病學家巴利瑟（Ran D. Balicer）將這起事件以「虛擬世界中流行病的發生與擴散*」為主題刊登在《流行病學（Epidemiology）》醫學雜誌上，同時被 BBC 新聞等各家媒體報導。美國疾病管制及預防中心（CDC, Centers for Disease Control and Prevention）也向開發遊戲的暴雪娛樂請求得到這次瘟疫的資料，以便用於流行病研究。

各位在看了《魔獸世界》元宇宙裡發生的哈卡瘟疫事件後，有什麼想法呢？這整起事件，跟 2020 年我們社會在震撼全世界的新冠疫情影響之下所呈現的模樣非常相似。有人

＊內文為韓文直譯，原文為 Modeling Infectious Diseases Dissemination Through Online Role-Playing Games.

為了戰勝流行病而願意犧牲奉獻自己的人生，有人只想趁亂牟取自己的利益。為了預防並戰勝傳染病，面對我們該如何改善社會體系、以及身為社會一員的我們該如何行動等課題，相信《魔獸世界》元宇宙所留下來的歷史紀錄值得我們一再翻閱。

5-6

孩子們主宰的元宇宙：
《機器磚塊》

《機器磚塊》（Roblox）跟前面在鏡像世界單元中提到的《當個創世神》在外在條件上有許多相似之處。《機器磚塊》跟《當個創世神》同樣都屬於沙盒遊戲，是一款在 2004 年由大衛·巴斯祖基（David Baszucki）和艾瑞克·凱塞爾（Erik Cassel）共同創立的遊戲商 Roblox Corporation 所開發的元宇宙。在韓國，《當個創世神》的玩家比《機器磚塊》的玩家還要多，這麼說可能有人會誤以為《機器磚塊》是模仿《當個創世神》所打造的元宇宙，不過其實《機器磚塊》出現的時間更早。

《當個創世神》的主要核心就是運用各種方塊，像堆疊樂高積木一樣創造出專屬於自己的世界。就如同在鏡像世界章節提到的，許多玩家會在《當個創世神》遊戲中建造出存

在於現實世界的各種建築物、空間、物品等等。

　　然而使用者可以在《機器磚塊》運用 Roblox Studio 這項工具設計出射擊、戰略、溝通等各種主題的遊戲。如果一開始就付費購買《當個創世神》的軟體，就可以隨心所欲地在遊戲中創造自己的世界，幾乎沒有任何限制；至於《機器磚塊》則擁有自己的貨幣系統，稱為 Robux。玩家可以支付現金購買 Robux，或是在《機器磚塊》元宇宙裡賺取 Robux 來使用。Robux 可以用來為自己的角色換裝，也可以購買各種配件。另外，當玩家連接到別人建立的世界時，也可以用 Robux 在那世界中購買需要的裝備。

　　《機器磚塊》的玩家規模在 2019 年達到 9 千萬人，到了 2020 年則超過了 1 億 1 千 5 百萬人。玩家主要的年齡層分布於 6 到 16 歲之間，美國未滿 16 歲的孩子中有超過一半以上都在玩《機器磚塊》。在美國以青少年為主要客群的事業體中，《機器磚塊》這個平台比任何企業擁有更多的客群，具有壓倒性的優勢。

　　根據 2018 年的資料顯示，美國未滿 13 歲的孩子在《機器磚塊》元宇宙裡所花的時間，是 YouTube 的 2.5 倍、Netflix 的 16 倍。在《機器磚塊》裡，孩子們可以進入別人創造的世界裡遊戲，也可以創造出自己的空間讓別人玩，能同時扮

演玩家及創作者的角色。有許多青少年在《機器磚塊》中創造自己想像出來的虛擬世界元宇宙，提供給其他玩家並賺取收入，這樣的人越來越多。也有些青少年甚至一年能賺取超過 82 萬美元的巨額收入，並聘請員工協助自己。

《機器磚塊》與社群媒體（請參照第三部說明的生活日誌化元宇宙）是緊密相連的。孩子們可以共同在彼此的世界裡玩樂、互加好友、對話聊天，藉此在元宇宙中建立起友情。然而，當大人們介入這個以孩子為主的世界時，就會引發問題。

在澳洲曾經發生好幾起成人玩家向孩童發送性訊息的案例，也有人上傳象徵納粹旗（Hakenkreuz）圖片或色情照片。在現實世界中有警察、檢調單位、法院等單位負責處理相關問題，然而在《機器磚塊》之類的虛擬世界元宇宙中，並沒有這樣具公權力的機關。當然，經營元宇宙的公司會出面介入並盡可能預防類似問題再次發生，發生問題時也會積極處理。虛擬世界元宇宙發生問題的應對標準主要又分為兩大類。第一，依照虛擬世界元宇宙的內部規定，在一定期間內凍結玩家帳號、或永久刪除其帳號。第二，在虛擬世界元宇宙中發生的問題如果涉及現實世界的法律，就會向司法機關申報、並在現實世界裡解決。

值得我們觀察的是，往後《機器磚塊》元宇宙會以何種面貌呈現、會成長到什麼程度，以及如今馳騁《機器磚塊》的青少年們長大成人後，他們是否又會在不同的世界創造出不一樣的元宇宙。

大人們長期觀察孩子在《機器磚塊》裡做些什麼後，一般會抱持著兩種意見。一種認為《機器磚塊》比起其他線上遊戲更能讓孩子們享受相對健康的娛樂環境；另一種則不滿於孩子們沒有特定目的地到處亂晃、彼此聊天。

德國詩人暨劇作家席勒（Friedrich von Schiller）在《美育書簡（ Über die ästhetische Erziehung des Menschen ）》提到：「人是同時擁有各種物質、肉體欲望及理性、道德欲望的存在。而我們身上潛在的遊戲衝動能使兩者和諧、平衡。人類透過遊戲得以自由，且形成美麗的存在。唯有體悟自由與美麗的人才能追求真正的目的。」哲學家康德（Immanuel Kant）則說：「遊戲令人愉快且自在的原因是在於它沒有任何目的。」為了讓我們的孩子可以在虛擬世界元宇宙中漫無目的、自在地遊戲，希望大人們能共同在身旁守護他們，不帶著既定目的地陪他們玩在一起。如此一來，我們更能清楚地看見那追求成為自由且美麗之人的目標。

5-7

虛擬世界中的時空旅行：
《碧血狂殺》與《電馭叛客2077》

　　應該有很多人都夢想著可以來一趟時空旅行吧！時空旅行早就是各種電影、戲劇、網路漫畫等媒體十分常見的題材。而虛擬世界元宇宙早已能做到這樣的時空旅行了。下面就來介紹可以承載過去、未來這兩種生活的元宇宙。

　　首先，我們來看承載過去生活的虛擬世界元宇宙——《碧血狂殺（Red Dead Redemption）》。這個元宇宙的時空背景落在1898年，是不法之徒與警方對峙的美國西部拓荒時代。《碧血狂殺》這套遊戲由遊戲公司Rockstar Games發行。

　　這款遊戲的線上模式，玩家可以在賞金獵人、商人、收藏家等職業當中選擇一個自己喜歡的角色。賞金獵人可以到城鎮或車站，根據懸賞任務板上公告的通緝令，追捕被通緝的犯罪目標並交給警長換錢。

你也可以不做這些跟原本職業相關的任務，隨心所欲生活。只要你開心，到遊戲裡遼闊的土地上四處閒晃、旅行，或是到山林裡獵捕野生動物、到河邊釣魚都沒問題。打來的獵物剝下毛皮後就能拿去換錢或製作物品，釣來的魚可以用營火烤來吃。你還能接受私酒商的委託賺錢，或是參加釣魚大賽釣條大魚。

　　在這個元宇宙裡，你可以為了收集異寶而出發探險，也可能會跟其他人發生槍戰。偶爾，選擇在幽靜的地方搭個營帳邊休息邊享受風景也很不錯。

　　《碧血狂殺》的地圖非常大，玩家在《碧血狂殺》裡生活的整體陸地大小約 7 千 5 百萬平方公尺，相當於首爾市面積的八分之一。有些人可能會覺得小，不過如果想成是在現實世界同樣大小的空間裡走路或騎馬，這個面積就非常大。《碧血狂殺》元宇宙以不法之徒的觀點，極為真實地重現了西部拓荒時代。

　　接下來我們換個方向，來看承載未來生活的虛擬世界元宇宙。《電馭叛客 2077（Cyberpunk 2077）》是由波蘭的 CDPR（CD Project Red）所開發的一款遊戲。

　　這個元宇宙的背景是 2077 年的未來。故事發生在位於加州北部的「夜城（Night City）」，遊戲透過這個未來城市

呈現出由超大型企業和黑幫控制的反烏托邦世界。未來世界科技高度發展，然而在社會安全網幾近瓦解的狀況下僅仰賴資本邏輯運作，使整個世界充斥著黑暗面。

夜城讓我們看見當現代社會的大都市無止境墮落時，最終可能展現出來的樣貌。高聳的大樓建築幾乎遮蔽了天空，陰暗曲折的巷子裡堆滿了垃圾和嗑藥嗑到東倒西歪的流浪漢們。中產階級完全消失，整座城市只剩下富人階級和貧困階級，最底層的貧困階級甚至願意為了一分錢而殺人。因為想在相互殘殺的環境裡生存下來，他們製造各種武器並改造身體保護自己，遊戲深刻地刻劃出未來的陰暗面。

在夜城，你可以透過機械改造或增強自己的身體。

手臂、腳、眼球和各種器官都可以更換。例如，換了眼球之後就能擁有各種掃描功能，只要看著經過的人，就能知道他們的前科紀錄、職業等等。此外，人們的脖子後面都掛著像電影《駭客任務（The Matrix）》裡尼歐（Neo）接觸虛擬世界時所用的插頭裝置，類似本書前面提到過馬斯克 Neuralink 公司發明的人機裝置。夜城的人會透過這個裝置連結電腦進而體驗虛擬世界，或是觀看別人出售的記憶。

對於夜城的人而言，錢是一種區分等級的方法。付很多錢加入保險服務的人，可以確保自己擁有較高的等級。當等

級高的人面臨危機時，立刻就會有警備人員和急救人員組成的「創傷小隊*」出動，不計任何手段地將其救出。

《電馭叛客 2077》所展現的未來城市——夜城，只是為了那些想提前到數十年後旅行的人所準備的虛擬世界元宇宙嗎？

如今快速拉大差距的貧富兩極化、持續衰退的社會安全網、許多研究人機介面及身體增強技術的企業、個人保險與保全產業的成長等，當我們冷靜觀察這個世界，是否能確信我們的未來會與夜城不同？對未來充滿好奇與憧憬的人會進入《電馭叛客 2077》度過時光，但應該不會期待自己提前體驗的那種 2077 年來到我們的實際生活中。

---

* 「創傷小隊國際公司」在遊戲中是世界最強盛的企業之一，收到訊號便會前往救援發訊會員。

5-8

人機大戰：
元宇宙中人工智慧與人類的抗爭

　　人類對於人工智慧的關注與爭論日益熱烈。如同我們從職業圍棋九段的棋手李世乭（이세돌）與 Alphago 那場對弈中看到的，人工智慧一般以軟體及數據資料的形式存在，也因此人工智慧在虛擬世界能發揮強大的力量。人工智慧在虛擬世界裡大致扮演三種角色。第一，代為扮演生存在虛擬世界的 NPC。維持虛擬世界的世界觀需要各種角色，那些由人操縱起來不有趣、或是需要中立性的角色便由 NPC 擔任，而人工智慧的使用能使 NPC 在行動時看起來更像人類。為了讓人在虛擬世界中能夠擁有豐富的體驗，這些 NPC 扮演著重要角色。當人工智慧融入日常生活的時代來臨後，人該如何與人工智慧溝通、相處，我們心中對此同時存在著擔憂與期待。不過在虛擬世界元宇宙裡，人們早已和人工智慧 NPC

共存了。當人工智慧 NPC 的反應沒有感情、對答太機械式時，人們會感到失望；而有時當人工智慧展現出比人更豐富的情感、更細膩的行為時，人們則會嘖嘖稱奇。人在現實世界裡該如何與人工智慧機器人、程式和平共存，我們一直以來都在虛擬世界裡練習。

第二，將人工智慧用於管理整個虛擬世界。人工智慧會被用來分析虛擬世界裡的各種現象、找到並解決問題。在許多人同時活動的元宇宙裡，光是一天也會累積份量相當龐大的數據。為了分析這類大數據，進而預測人們在元宇宙中的後續行為，及調整元宇宙的規則，這時就會使用人工智慧。

第三，在虛擬世界裡投資看起來像人的人工智慧自動化（auto）程式，進而獲利。自動化程式是指由程式代替人操縱在元宇宙中 NPC 等非人角色。假設我在元宇宙裡的職業是獵人，但我又不想親自控制這個角色，就可以使用自動化程式代替我來操縱角色。可能有人會問：「人不是因為喜歡才在虛擬世界元宇宙裡生活的嗎？為什麼自己會不想操控，還交給自動化人工智慧呢？」想在虛擬世界元宇宙跟人溝通並享受探險樂趣的人，的確不會使用自動化程式。只有想在短時間內讓自己的角色大幅成長並加以炫耀的人，或是想利用自動化程式收集裝備、再轉賣那些裝備給其他玩家賺錢的人

會選擇使用自動化程式。

　　大多數國家都禁止使用自動化外掛程式，並將其視為非法。正因為有人以企業規模利用了自動化外掛程式，因而衍生出許多問題。他們會同時在好幾十台的電腦裝上自動化外掛程式，由少數幾個人管理並在元宇宙裡收集裝備，這一般又被稱為「工作室帳號*」。即使有數十個自動化帳號集體在元宇宙內不間斷工作，也完全不會疲憊。他們利用這種方式獨占虛擬世界的資源，也讓一般正常活動的玩家無法擁有該裝備。長期下來，對最初的元宇宙設計、開發者規劃的經濟系統、及資源稀缺性的設定等造成嚴重問題，最終導致元宇宙內發生通貨膨脹的問題。

　　接著我們來看線上遊戲《巨商》中發生的自動化問題。

　　距離《巨商》發行以來已經過了二十年的時間。遊戲故事以朝鮮時代為背景，是一個藉由經商貿易賺取利潤，並藉由戰鬥使角色成長的元宇宙。

　　在《巨商》裡，正常使用的玩家都因為自動化外掛程式蒙受損失，問題越演越烈，結果玩家們便灌爆巨商的粉絲論

---

*業者透過電腦與程式大量創建帳號，並以外掛、輔助程式掛機以量產虛擬寶物，韓國的遊戲政策將此行為定為「工作室」。

壇（巨商玩家們的網路社群），並聯合發起抵制《巨商》的運動。玩《巨商》時，玩家可以在元宇宙的村莊建立名為同業公會的一種大型據點，而玩家們也必須投資許多資源維護據點。然而，跟一般親自操縱自己角色收集資源的正常玩家不同的是，憑藉外掛程式自動運作的工作室帳號有組織性地採集不易收集到的資源，進而搶奪各處據點。當然元宇宙裡有舉報這些不正當行為的功能，可是在這之後卻屢屢傳出被舉報的自動化帳號玩家在元宇宙內攻擊並報復舉報者的事件，於是要驅逐自動化帳號玩家變得越來越困難。

　　此外，大部分的元宇宙為了提供給使用者最佳體驗，只會允許一定數量的人進入同一個空間；不過《巨商》裡的空間卻持續被自動化玩家霸占，甚至發生正常玩家無法連上遊戲的問題。玩家們在元宇宙裡購買了裝備，經過一段時間就會失效，卻因為遲遲無法連上遊戲而無法使用該裝備，最終使得玩家們的憤怒徹底爆發。許多元宇宙都正在發生類似的「工作室帳號」及人工智慧自動化的問題。當玩家發現自動化帳號時，就會攻擊並殺死對方。然後，集體行動的其他自動化玩家又會反過來編寫程式，集體攻擊並殺死這些攻擊自動化帳號的玩家。明明是為了人而創造出來的元宇宙，最後卻演變成由自動化人工智慧支配了這世界。不諱言的，這些

自動化帳號背後總是都有一群貪婪的人。

　　在元宇宙中的一般玩家、自動化帳號、和元宇宙經營者之間，接連不斷地因為這些問題而產生矛盾、衝突。雖然被人類操縱的人工智慧機器人讓其他人的生活被邊緣化，是虛擬世界裡的狀況，但如果只把這當成跟現實完全不相干的話題，還是會覺得有哪裡不對勁。我們是期待讓人類生活變得更好才創造人工智慧的，可是這樣的人工智慧卻淪為少數人的所有物，讓少數人可以更輕易地用來支配並控制整體，如此一來或許會像在虛擬世界元宇宙裡發生的一樣，發展出與人類對立的人工智慧。在加快腳步開發人工智慧的技術並使其商業化之前，希望大家能更認真看待人工智慧在元宇宙引發的問題。

5-9

踏入虛擬世界的企業：
吞吃廣告的《要塞英雄》

　　《要塞英雄（Fortnite）》是由開發商 Epic Games 經營的大逃殺（Battle Royale）*形式元宇宙。原指一個職業摔角的擂台上同時有好幾名選手上台多人混戰，並由最後留下的一人獲勝的比賽方式。其他非職業摔角的比賽或遊戲，假如規則也是同時有很多人較量，最後由留下來的生存者獲得勝利，就會被稱為大逃殺（Battle Royale）。在韓國一款非常知名的大逃殺形式遊戲，是由遊戲開發商魁匠團所經營的《絕地求生》（PUBG）。

＊「大逃殺（Battle Royale）」遊戲模式一詞源於日本小說、電影《大逃殺（*Battle Royale*）》，而本作品的創作概念則來自於摔角節目《皇家大戰（*Battle Royal*）》。

在新冠疫情肆虐的狀況之下，Epic Games 公司邀請美國知名饒舌歌手崔維斯‧史考特（Travis Scott）在《要塞英雄》元宇宙裡舉行演唱會，並將整個《要塞英雄》元宇宙當成舞台進行公演。隨著開場曲目慢慢地響徹整個空間，巨人史考特也同時登場。

每當換曲目時，史考特也會跟著變換造型，其中一首歌史考特變身為半機械人，四周熊熊燃燒。而另一首曲目，史考特則和《要塞英雄》玩家的虛擬角色一起在宇宙中飛行，展現出了生氣蓬勃的面貌。當天的演唱會總共有 1230 萬人參與。

《要塞英雄》也嘗試與 Nike 聯名，將現實世界的商品引進元宇宙。

在元宇宙商店裡販售 Nike 飛人喬丹的服飾，以《要塞英雄》的虛擬貨幣來計算，要價 1800 V 幣（V-Bucks）。只要購買服飾、完成《要塞英雄》中的特定任務，就能獲得遊戲中的額外優惠。《要塞英雄》也曾與漫威（Marvel）合作，在遊戲中提供電影裡漫威英雄的武器讓玩家使用。

這些 Nike、漫威等現實世界中看似與虛擬世界元宇宙相距甚遠的智慧財產權，反而被應用到虛擬世界元宇宙中，並創造出新型態的收益模式。截至 2020 年 5 月為止，參與在《要

塞英雄》元宇宙的人數超過了 3 億 5 千萬。而 Epic Games 也不只將《要塞英雄》視為單純的大逃殺形式遊戲。

　　現在的我們會打開瀏覽器、登入帳號查看電子郵件，再開一個新的視窗、登入帳號進入網路商城。想使用通訊軟體的時候，則會執行並登入應用程式。很多人預測，未來這種網路使用方式將會改變。其中有人認為，將來只需要進入一個元宇宙，就能在其中工作、購物、跟人溝通，擁有跟現實生活一樣完全連結在一起的體驗。雖然現在還無法確定未來的元宇宙會呈現何種模樣、會由誰打造出這個元宇宙，不過我們仍然需要持續關注《要塞英雄》後續的發展與變化。《要塞英雄》開發商 Epic Games 的執行長蒂姆・斯威尼（Tim Sweeney）的理想是要讓《要塞英雄》不僅止是一款遊戲，他也提到，儘管現在《要塞英雄》是遊戲，但往後不知道會變成什麼。另外，前亞馬遜戰略主管、現為創投家的波羅（Matthew Ball）表示，Epic Games 所開發的《要塞英雄》有極高的可能性會成為連結一切的元宇宙。可以預測的是，在未來幾年內，《要塞英雄》將進化為與現在截然不同的面貌。

5-10

向虛擬世界出發的精品業：
LV 與《英雄聯盟》的跨界合作

　　自 2019 年下半年開始，法國的精品品牌 LV（Louis Vuitton，路易威登）便開始與銳玩遊戲（Riot Games）經營的《英雄聯盟（LoL, League of Legend）》進行跨界合作。LV 所屬的 LVMH（路威酩軒集團），旗下有時尚、化妝品、珠寶首飾等 60 多個子公司品牌。

　　而《英雄聯盟》這款遊戲是以符文大地（Runeterra）世界為背景，有刺客、鬥士、坦克、法師等 150 多種角色，遊戲中扮演不同角色的玩家會彼此進行戰鬥。以 2019 年為準，高峰期有超過 800 萬名玩家同時在線上進行遊戲。《英雄聯盟》世界大賽（League of Legends World Championship）是世界電子競技大賽中締造最高觀看人數新紀錄的遊戲，又被稱為 LoL 世界盃*。2018 年《英雄聯盟》世界大賽決賽的觀看人

數達到 9960 萬人。同年，NFL（National Football League，國家美式足球聯盟）球賽的觀看人數則為 9820 萬人。

LV 與《英雄聯盟》的合作大致分為兩個方向，第一種是在《英雄聯盟》裡的遊戲造型（skin）放入 LV 紋樣。遊戲造型是指可以更換遊戲角色的外貌，或是遊戲操作畫面模樣的選項。若以現實世界舉例，就類似我們所穿的衣服、貼在牆上的壁紙。如果想讓自己在遊戲中的角色穿上 LV 的衣服，只需要支付 10 美元購買 LV 造型即可換裝。

第二種，在 LV 產品的設計中加入《英雄聯盟》遊戲中的商標、出場人物角色等，直接以「LV x LOL」的系列名稱販售。大家覺得結合遊戲圖案的精品有點奇怪嗎？這些商品的價格可不亞於 LV 原本銷售的既有產品。例如，印有《英雄聯盟》紋樣的連帽上衣售價約 2500 美元，皮革外套售價約 5600 美元。LV 在 2019 年《英雄聯盟》世界大賽還提供印有 LV 紋樣的皮箱放置獎杯。

LV 和《英雄聯盟》的這些嘗試，並非精品與遊戲之間最初的合作案例。在 2016 年，在史克威爾・艾尼克斯（Square

＊韓式英文，此為韓國針對《英雄聯盟》世界大賽的簡稱。

Enix）開發的《最終幻想 13（Final Fantasy 13，台灣舊譯名為「太空戰士」）》中登場的角色，便曾化身為 LV 的模特兒。LV 將有著一頭粉紅色長髮、揮舞著一把巨劍的女主角——雷光，當成產品代言人。而早在 2012 年，雷光就曾經擔任過 Prada 的模特兒。

2020 年 6 月，英國精品時裝企業 Burberry（巴寶莉）親自推出了一款獨特的遊戲。世界知名的時尚企業居然開發起遊戲，不覺得神奇嗎？ Burberry 推出的，是一款名為《衝浪小鹿（B surf）》的水上競速遊戲。玩家可以在 Burberry 的官網上免費下載，和全世界的其他玩家一起享受衝浪比賽的樂趣。參加比賽時需要選擇衝浪衣和衝浪板，而遊戲中提供的衝浪衣及衝浪板全都是 Burberry TB 夏季花押字（Summer Monogram）系列的產品。Burberry 免費開放讓《衝浪小鹿》的玩家們使用衝浪時所需的虛擬服飾和衝浪板。

在元宇宙喜歡上 Burberry 產品的 Z 世代，也會開始期待能在現實世界裡使用這些產品。

這也不是 Burberry 第一次推出遊戲。Burberry 在 2019 年就曾推出《彈跳小鹿（B Bounce）》。在這個遊戲裡，玩家可以幫小鹿的角色穿上 Thomas Burberry、Monogram 系列的羽絨衣，不斷往上跳躍、向月球邁進。遊戲開放給英國、韓國、

美國、中國等六個國家，並同時舉辦活動，拿到第一名的玩家就能獲贈一件 Burberry 的外套。

行銷公司 PMX 預測，世界精品市場的客群到 2025 年，Z 世代所占的比例將會超過 45%。而 LV、Burberry 正是看到了這點，所以努力擺脫精品給人過於老成的形象，希望能更貼近 Z 世代。像是在《當個創世神》、《機器磚塊》、《要塞英雄》等龐大元宇宙的主人翁都是年輕世代。想讓年輕人認識產品，與其努力將他們拉到現實世界，不如讓企業進入他們長時間停留的元宇宙。

在元宇宙中可以傳達遠比現實世界更快速、更多元、更深刻的體驗。這正是為什麼即使各位工作的公司、部門，和遊戲、數位、IT 產業等層面毫不相干，也仍然需要關注元宇宙的重要原因。

化為現實的科幻電影：《一級玩家》和《戰慄時空：艾莉克絲》

2018 年上映的《一級玩家（*Ready Player One*）》是由史蒂芬・史匹柏（Steven Spielberg）執導的電影，改編自恩斯特・克萊恩（Ernest Cline）所寫的同名小說。電影中提到一款名為《綠洲（OASIS）》的虛擬實境遊戲。時空背景來到 2045 年，描述在大企業控制整個城市的環境下，許多生活在貧民區的人為了忘記現實的黑暗，便使用虛擬實境裝置享受在《綠洲》生活的情景。用來連接《綠洲》的虛擬實境裝置，和現在我們使用的虛擬實境裝置外觀並沒有太大的區別。

在《綠洲》的開發者、持有最大股份的哈勒代（Holiday）過世後，他生前留下的遺囑也被公開，內容提到找到藏在《綠洲》中的彩蛋（遊戲、電影、書籍等隱藏的訊息或功能）的人，就能獲得《綠洲》的經營權和哈勒代所有的股份。而一間超

大型公司——創新線上企業（IOI, Innovative Online Industries）則動員公司全體職員，傾注全力企圖找到彩蛋。電影的主線劇情便是一名叫做韋德‧瓦茲（Wade Watts）的少年對抗創新線上企業，並挑戰搶先找到彩蛋的冒險故事。

電影中出現的虛擬現實遊戲《綠洲》也是虛擬世界元宇宙，針對這點有幾個值得思考的部分。第一，虛擬世界元宇宙具體呈現真實感受，達到跟《綠洲》相同水準的可能性。目前最能夠極致地展現真實感的虛擬實境遊戲，應該非 2020年 3 月發行的虛擬實境遊戲《戰慄時空：艾莉克絲（Half-Life: Alyx）》莫屬。在《戰慄時空：艾莉克絲》這個遊戲中，講述了人們對抗外星人入侵的故事。《一級玩家》和《戰慄時空：艾莉克絲》的故事及世界觀非常不同，在這裡只是想試問：若將目前最高水準的虛擬實境遊戲拿來與電影中《綠洲》比較時，算是達到了何種水準？

想真正體驗《戰慄時空：艾莉克絲》，玩家必須擁有高規格的電腦及虛擬實境裝備，光是遊戲的容量需求就多達48GB。

體驗過《戰慄時空：艾莉克絲》虛擬實境的人，都一致表現出相當驚訝的反應。比起其他既有的虛擬實境內容，《戰慄時空：艾莉克絲》呈現在玩家眼前的圖像（graphic）

更加細緻，不僅能在某種程度上讓玩家感覺到手握物品的重量感，也能讓玩家直接觸摸並使用虛擬實境世界裡大部分的物品等，這些都獲得了眾多玩家的高度評價。然而還有許多尚未實現的部分。像是讓人用手觸摸東西時感受到觸覺，或是在走路、跑步、跳躍時讓空間隨之移動都十分困難。當然，現存的虛擬實境裝備中也有部分應用了觸覺回饋、跑步動作識別等技術，但在評估功能性、商業水準、經濟效益等層面時，還是跟《綠洲》中描述的裝備相差很大一段距離。

　　如今的我們還無法得知，將來為了提升在虛擬世界元宇宙中讓玩家們體驗到的真實感，在方法上是手套、眼鏡形態的虛擬實境裝備會變得普及，或是前面曾提到幾次的人機介面會變得普及。不過若從技術實現的可能性和穩定性等角度來觀察，目前進行手套及眼鏡形態裝備的商業化嘗試更多。另一方面，對於是否需要研發更新的技術，讓人在虛擬世界元宇宙中感受到和現實水準相當的真實感，也有人抱持著懷疑的態度。假如真的設計出能完美體現現實世界真實感的技術，可能會導致人們稍有不慎就無法辨識自己是不是身處虛擬世界空間的問題。相反地，也可能會讓現實世界中的人誤以為自己正身處於虛擬世界。關於現實世界和虛擬世界之間存在的界線，我們應該從哲學、宗教、法律等多種面向進行

考量。

　　第二，我們試想一下電影中的創新線上企業為了找出遊戲彩蛋，讓職員們進入《綠洲》中工作的場景。在之前的章節曾提到《魔獸世界》的「墮落之血事件」中，暴雪娛樂的經營團隊直接進入《魔獸世界》，共同作戰並抵擋了瘟疫的傳染。雖然他們並沒有戴上革命性的新型虛擬實境裝備，但他們的工作環境幾乎可以算是在虛擬世界元宇宙中。我們可以預見的是，今後只待在虛擬世界元宇宙內的職缺將會持續增加，例如維持虛擬世界元宇宙內的秩序、協助玩家、搜尋裝備、甚至是進行演出等等職缺。前述的創投家波羅（Matthew Ball）提到，虛擬世界元宇宙將創造出更多好的職缺。住在都市郊區的人買房子的負擔也相對會比較小，並擺脫通勤的問題，在這樣的環境下負責虛擬世界元宇宙內開採資源的工作。一個好職缺的條件是什麼呢？要是與現實世界完全隔絕，只待在虛擬世界元宇宙內工作，大家會接受那份工作嗎？假如有人問我：「萬一虛擬世界元宇宙內建立了一所大學的話，金相均教授會有意願轉調到那所大學任教嗎？」我想我也很難立刻給出明確的回覆。

5-12

進軍元宇宙的政治家：
在動物森友會插上旗幟的拜登

2020 年在新冠疫情的影響之下，許多遊戲的使用人數及銷售額都大幅提升。其中一款遊戲特別引人注目，那就是任天堂的《集合啦！動物森友會（簡稱動森）》。《動森》是任天堂開發的電玩遊戲，在《動森》裡，玩家可以探索並開拓屬於自己的無人島。遊戲過程中，只要彼此共享密碼就可以到其他朋友的小島進行交流。《動森》上市短短 3 個月，全球銷量就達到了 2240 萬套。在這基礎之上，開發商任天堂的銷售業績較去年同期大幅增加了 108%，創下歷史新高。而想玩《動森》，就需要 Switch 遊戲機。由於市場無法滿足突如其來的大量需求，2020 年春天便出現了 Switch 遊戲機短缺的現象。結果造成 Switch 遊戲機在網路購物平台上的價格高出原訂價格的兩倍之多，甚至連用了一年的二手 Switch 遊

戲機都比新產品還貴。

當所有人都因為新冠疫情被迫與外界中斷聯繫、壓力遽增的情況下，人們反而藉由《動森》抒發情緒、充電，並享受與他人之間的溝通。也有許多玩家選擇在自己的島上開設生魚片餐廳、美術術科考試補習班，邀請其他玩家前來一同享受。《動森》迅速成為一個社群型的元宇宙。

有一位政治家便抓住了這樣的機會。美國第 59 屆總統選舉，由當時擔任總統的川普（Trump）和參議員拜登（Biden）角逐總統寶座。期間候選人拜登為了宣傳，選擇在虛擬世界元宇宙《動森》裡建設自己的島嶼，取名為 Biden HQ。拜登向所有《動森》玩家公開自己的無人島密碼，邀請選民登陸自己的島嶼。

島上主要分為兩個區域，一個是拜登的競選活動辦公室。走進辦公室就能看到整個空間放滿了筆記型電腦、選舉傳單、拜登年輕時的海報和母校校徽。

另一個空間則是投票所。進入這個區域可以看到鼓勵民眾投票的海報，以及介紹選舉日期和投票方式的詳細資訊等。島上還有候選人拜登的虛擬化身，跟他碰面對話時，他還會隨機說出競選活動的口號。另外島嶼上設有讓造訪拜登島嶼的玩家們可以留下紀念的拍照空間，引導大家留下照片

並分享到社群媒體。拜登團隊甚至在 Twitch（圖奇）平台上提供 Biden HQ 島的導覽影片，讓沒有 Switch 遊戲機的選民也能一同收看、參與。

Twitch 是一種類似 YouTube 結構的影音串流平台，許多使用者會在這個平台上分享遊戲裡別具特色的影片。

拜登並不是在競選活動中第一次使用元宇宙的人。上一屆 2016 年的大選中，民主黨總統候選人希拉蕊・柯林頓（Hillary Clinton）就曾將《寶可夢 GO》用於競選活動，《寶可夢 GO》也是前面介紹過具代表性的擴增實境元宇宙之一。政治人物一般都會運用報紙、政論節目、公園、市場等管道和空間，作為和選民溝通的方式。然而越年輕的世代，購買報紙、收看電視等傳統媒體的比例就越低。比起公園和市場，他們更常待在元宇宙上度過時間，而政治人物們需要改變溝通方式的原因正在這裡。

5-13

元宇宙的未來和陰暗面 #5：
將來會出現記憶交易所、天堂伺服器嗎？

　　《記憶交易所》是我在 2018 年 7 月發表的長篇小說。這部科幻小說描述目前現存的腦科學技術，以及其他人類觸手可及的特殊技術如何照亮我們的生活和世界，帶來明與暗的交會。這部作品也在不久前跟某無線電視台簽了合約，準備改編成電視劇。

　　《記憶交易所》的時間背景設定在腦科學發達的現在及不遠的未來。故事中一個蒙上神祕面紗的組織 The Company，利用腦科學技術製造可以操縱人類記憶的各種商品。The Company 的創始人大部分都已經過世，他們在名為「天堂伺服器（Heaven Service）」的元宇宙上延續著現實世界的生活。天堂伺服器便是專為肉體死亡的人所準備的避難所，只要將沒有受損的大腦神經纖維束連接到電腦，就能在

電腦網路的虛擬世界元宇宙中保持自己的意識和思考活動。

現實世界的肉體雖然死了，但大腦還是能在天堂伺服器這個虛擬空間中跟其他處境相同的人交流並維持生活。生活在天堂伺服器裡的人所感受到的時間流逝，比現實世界快十倍左右。也就是說，天堂伺服器內的一年，相當於現實世界中的十年。

天堂伺服器是一個虛擬世界元宇宙，它不是用鍵盤、滑鼠、或穿戴裝置來操作，也不是用螢幕或虛擬實境眼鏡觀看的世界，而是直接連接大腦神經纖維束。假如在第三部分提到的 Neuralink 持續提升，那麼要實現天堂伺服器元宇宙就絕非虛幻的想像。我常想，為了滿足人類追求永生和無窮的新欲望，高度發展的技術總有一天會創造出這樣的元宇宙。

如果讀者對天堂伺服器元宇宙和現實世界的關係有興趣的話，可以去看《記憶交易所》這本小說。不過，由於很想和各位分享天堂伺服器的面貌，所以在這裡節錄了一封信。故事中原本任職於 The Company 的趙課長，因為罹患了不治之症去世後便生活在天堂伺服器上，他祕密地寫了一封信給現實世界中接任自己工作的繼任者關祐。

天堂伺服器元宇宙的趙課長寫給現實世界關祐的信

關祐，希望這則訊息能平安送達。這則訊息並沒有受到任何人的審查。雖然天堂伺服器禁止任何不經創辦人審查的訊息發送到你們那裡，但我自己小心地另外準備了一個隱密性通道，相信訊息應該可以順利送達。

我們最後一次見面是幾個禮拜以前的事了呢？我在這裡已經過了好幾個月，想知道我過得怎麼樣嗎？我和梅（May）常常一起在河邊或林間小道上漫步，過著寧靜的生活。等梅睡著，我幾乎每天都會坐在屋簷下來杯伏特加和來根菸享受一下。擺脫肉體的痛苦後，我沒什麼心理負擔地重新找回了原本的習慣，而且我在這裡也依然工作著。

你應該對天堂伺服器裡的世界很好奇吧！我一直很懷疑用「天堂」這個詞形容這地方是否貼切。這兒生活的確比以前豐富、痛苦也變少，我卻不知道這算不算是生活在天堂裡。雖然我也不太清楚自己夢寐以求的理想生活是何模樣，但好像不是現在這樣。假如這裡是天堂，那我覺得你們在資本主義之上享受物質生活的那個世界應該也能算是天堂。

來這裡之前，我也不清楚這裡是什麼樣子。起初來的時候有點茫然，不過當我看到所有生活在這裡的人擺脫物質限

制、和平共處的樣子後，我想這大致上還是我希望看到的情景沒錯。我曾期待不會再有人為了擁有更多而相互競爭、爭吵。簡單來說，這裡所有物質的基本要素都是存在於伺服器裡的數據。然而，這裡也和你們那裡一樣有物質的限制，有人為了所有權而競爭、爭吵，也有隨之而來的痛苦。

歸根究柢，這一切都是創辦人他們的設計。那些創辦人設立了公司，而他們其中大部分的人現在也住在這裡，掌控著天堂伺服器。創辦人似乎認為，要是沒有了物質上的限制，就沒辦法精準且隨心所欲地調動在這裡的我們。他們研發出來的裝置簡單卻好用。他們在伺服器裡設置了跟你們那裡一樣的物質限制，用來操控我們。雖然在這裡面無論是牛排還是剩飯都只是數值上的交易，但那數值卻區分並控制著天堂伺服器的人們。說這話的我也是每次都想要牛排並選擇牛排，但更確切地說，我現在的欲望或選擇都是被強迫的。

公司的創辦人干預你們那裡生活的程度，比起我們所想的還要涉入更深。也不知道是為了守護你們那裡的公司，還是為了守護天堂伺服器，也或許兩者都有。

L會保護關祐，希望關祐你也能保護L。天堂伺服器內有一個叫黑帝斯（Hades）的區域。老實說，那裡是監獄，而且還是最糟糕的監獄。黑帝斯區域顧名思義就是冥界地獄，

你只要把世上人們想像的地獄原封不動搬到這裡，就是黑帝斯區域了。創辦人不會殺死那些反對自己的人，也就是說，他們不會切斷神經網，而是會把人永遠關在黑帝斯區域裡，作為最嚴酷的刑罰。我不知道裡面有多少人。不過有一點可以肯定的是，L的母親，原來身為創辦人之一的她也在那裡。

L的母親原本是公司最初期的成員之一，她來到天堂伺服器後對創辦人的行為非常失望，想要終止天堂伺服器的運作，她也因此受到懲罰，被監禁在黑帝斯區域裡。很難精準地算出過了多少時間，但至少也有好幾年了，她相當於是在地獄中苦撐了數十年。這些情況L都知道。雖然我不清楚L的想法，但L無法放下公司工作的原因之一，就是因為他想進來這裡釋放母親。

我也許會去黑帝斯。從目前天堂伺服器和公司依然運作、還有很多人被關在黑帝斯等面向來評估，我想要達成目的並不容易。

不過也沒關係。我已經走在地獄裡了。

我很抱歉讓關祐你進公司，應該要有人在那裡做你的工作。假如今天不是你，我也會對別人感到抱歉。但願我的計劃能順利達成，也能夠不再對關祐你過意不去。我沒辦法再聯絡你了。希望俞利、其他進公司的人，還有關祐你能好好

照顧自己。偶爾我也很想念和關祐一起喝過的 Mountain 牌
檸檬汽水。祝安好。

PART6

一起開拓
元宇宙吧！

「想像力經常將我們帶往從不存在的世界。然而沒有了想像力
我們哪裡也去不了。」　　　　　——卡爾‧沙根（Carl Sagan）

6-1

三星電子：
在《電馭叛客 2077》置入產品吧

　　本書的第一部介紹了元宇宙的基本特徵，第二到第五部則依照類型說明了四種不同的元宇宙。第六部中，我想試著針對國內企業該如何利用元宇宙提出參考方案。談到提案，各位可能會覺得有點遠大，不過我希望可以透過我個人的想像輕鬆地丟出各種點子，大家也能輕鬆地閱讀。

　　在美國擁有最多專利的企業是哪家公司呢？以 2020 年 1月 1 日為準，三星電子在美國註冊了 87208 項專利，大幅領先第二名的 IBM（International Business Machines Corporation，國際商業機器公司）（55678 項）、第三名的 Canon（38657 項）（佳能）及第四名的微軟（36372 項），占據第一名寶座。三星電子以堅強的技術實力為基礎，持續推出多種新產品。

　　若考量到專利是高科技企業最重要的資產，那麼三星電

子的這種快速發展似乎不會停止。

我提出的戰略是與前面介紹過的《電馭叛客 2077》進行跨界合作。CDPR 在開發《電馭叛客 2077》的同時，製作了許多符合 2077 年都市景象的廣告。即使到了 2077 年，都市各處也依然像現在一樣充斥著各種廣告，據說 CDPR 為了製作這些虛擬廣告所投資的人力就需要大約十人。當然，在《電馭叛客 2077》元宇宙裡，我們看到的廣告都是跟虛擬產品相關的。CDPR 在設計《電馭叛客 2077》夜城背景中無數的廣告看板時，並不是毫無誠意地放上類似的圖片充數，而是一一畫出未來實際可能會出現的廣告圖像。

試想如果三星電子一同參與這部分會變得如何呢？像是三星電子將未來計劃開發的產品概念置入《電馭叛客 2077》的街頭廣告上曝光。到了 2077 年，三星電子可能會推出各式各樣超人類（transhuman）裝置。

超人類是指身體經過各種改造後，能力變得更加卓越的人。例如讓人類視力獲得飛躍性進展的裝置、將思考內容輸出成文件的軟體、能像心電感應一樣把自己的想法傳送給遠處某人的移植型裝置等，人類夢想中未來的 IT 裝置與三星電子概念藝術，都可以一起在《電馭叛客 2077》的街道上置入廣告。

如果想再更進一步，也可以在遊戲裡未來人類使用的電子產品加入三星電子的商標。將他們移植到手腕上使用的智慧型手機、電腦、電視等改頭換面成三星的電子產品。別只是單純置入商標，要是可以在他們使用的智慧型手機裡加入三星研發的應用程式會更好。用這些方式將三星電子的產品融入到無數人生活的元宇宙、夜城的日常生活中。

或是可以讓三星電子現在推出的產品變成古董出現在《電馭叛客 2077》上，這也相當有趣。例如，生活在 2077 年的復古風狂熱份子手上拿著三星電子 2020 年推出的 Galaxy Z Fold 之類的設定。如果再加上 NPC 的台詞會更有模有樣：「這是我爺爺用過的手機，到現在依然完好無損。我很喜歡這些老東西帶來的懷舊感。」也可以在夜城打造一座電子產品博物館，在裡面展示三星電子製造的產品，相信這也會非常好玩。

假如要提前展演未來產品有執行上的困難，就可以換個角度採取讓現有產品「過時化（obsolescence）」的方式處理。

三星電子生產的一系列產品和服務在目前情況下領先競爭對手企業，然而越是如此，越需要藉由提前展示更先進的產品，進而刺激消費者追求新產品的渴望。這便是我提供的戰略。

6-2

SK 生物製藥：
一起開設數位實驗室吧

　　SK 生物製藥（SK Biopharmaceuticals）是一間研發出各種革命性新藥的製藥公司。以 2019 年為準，全球製藥產業規模約為 1 兆 4 千億美元。若單從規模來看，比起目前被稱為韓國主力產業的造船業、汽車業、半導體業等的總和還要大。而在市場年成長率預計將達到 4%，遠高於造船業（2.9%）和汽車業（1.5%）。

　　在本書前面篇章的內容中曾提到，華盛頓大學研究蛋白質構造的大衛‧貝克教授在 2008 年開發了《Foldit》平台。而我希望 SK 生物製藥也能考慮這類型的平台，哪怕只是 SK 生物製藥研究項目裡的一小部分，也能在元宇宙中架設數位實驗室，開放讓一般大眾共同參與。

　　開發新藥的過程需重複嘗試、找出創意性發想等要素，

藉由網路能讓一般人一起嘗試、參與，並選出可行的發想。SK 生物製藥的研究員可以針對一般大眾嘗試的結果給予回覆，向民眾傳達「我們一起解決問題」的訊息。透過這個過程，SK 生物製藥能從集體智慧中收集更多元的想法；與此同時，參加實驗的人腦海中也會加深對 SK 生物製藥的印象。

　　另一個提議，是為那些對 SK 生物製藥有興趣的新鮮人創立一個元宇宙，各位覺得如何？世界知名的化妝品企業萊雅（L'Oréal）就曾提供一款名為《Reveal》的線上商業競賽遊戲。想報名進入萊雅公司實習的人都必須上網註冊參加。參加者在《Reveal》獲得一定分數後，才能向萊雅公司提交書面申請資料。

　　不過這並不表示參賽者需要具備什麼特殊能力，無論是誰，只要冷靜投資時間就能達到官方設定的目標分數。雖然每季有不同的差異，但一般都包含了產品開發、行銷宣傳、銷售等整體流程。參賽者在產品開發、行銷宣傳和銷售的過程中會面臨多項決策，最終目的是要在不同的情況下藉由最佳決策提高事業發展效率。SK 生物製藥公司在開發新藥時也可以試著提供類似型態的元宇宙，讓玩家可以體驗和各個組織合作及溝通的過程。期待職場新鮮人能透過這樣的元宇宙更關注、並且更深入了解 SK 生物製藥的新藥開發程序。

現代汽車：
放入《瘋狂麥斯》的世界觀吧

　　國外汽車市場重視應靈活地調校、建立改裝部門，創造出讓提供改裝服務的改裝廠和大型汽車製造商雙贏的局面。賓士的 AMG 和 BMW 的 MGmbH，都已成為將各公司的基本款車輛轉換為高性能車的代稱。建立改裝部門並提供服務的決定，能讓專業的改裝師有穩定收入；而對於汽車製造商來說，即使車輛的生產線有限，也可以透過改裝向消費者提供更多樣化的車輛。以消費者的立場來看，能夠完成並擁有一台可以反映自己喜好且專屬於自己的車，是件充滿樂趣的事。

　　據推算，世界汽車改裝市場的規模超過 825 億美元，也領先了世界造船業的市場規模。

　　與國外相比，韓國對汽車改裝的限制更為嚴苛。國外對

於要禁止何種改裝，主要是採取消極限制（負面表列）的態度來撰寫法條；然而韓國的國內法則是用積極限制（正面表列）標示出哪些改裝才能被允許。也就是說，國外除了被明列禁止的項目以外，都可以自由改裝；但國內只能在被允許的範圍內進行改裝，可以改裝的幅度相對較小。只是，在改裝相關企業和消費者的持續要求下，目前與汽車改裝相關的限制出現逐漸放寬的趨勢。

假如現代汽車打造出一個元宇宙，裡面由過度改裝的汽車當道會如何呢？2015 年上映的電影《瘋狂麥斯：憤怒道（Mad Max: Fury Road）》中，出現了各種奇形怪狀的改裝車。由於時代背景設定在遙遠的未來，而且改裝都十分奇特，所以很難看出汽車的原貌。

要是現代汽車公司真的能結合《瘋狂麥斯》的世界觀，打造出一個充滿改裝車的虛擬世界元宇宙，一定會很有趣。

當有使用者加入這個元宇宙，便可以隨機提供一輛由現代汽車生產製造的車。如果是在現實世界裡已經購買了現代汽車的顧客，便可以追加登記自己擁有的那輛車；或是可以提供使用者小額度的元宇宙貨幣，讓使用者運用他們所領取的貨幣購買改裝服務，藉此改造自己愛車的外形或性能。改造後的車輛可以參加元宇宙發起的一對一賽車、八人制賽

車、或是將彼此愛車推出擂台外的格鬥賽等不同活動。使用者只要參加活動即可獲得報酬，累積了一定程度的報酬之後還能再用來換購車輛，或購買更多的改裝服務。簡單的改裝服務不僅能在不違反現行法律的前提下進行實體生產並銷售給顧客，也能用於元宇宙的宣傳上。

選擇應用到生活日誌化元宇宙也是個不錯的選擇。利用設置車上的車載資通訊（Telematics，將安裝在車上的電腦、平板電腦連接到無線通信、GPS，並提供各種資訊的技術）設備，連接到先前提過 Niantic 開發的《虛擬入口》。透過比較同款車型行駛同一路段的紀錄，設計規則讓安全駕駛指數較高的使用者擁有該路段，或是在道路各處設置可收集的能量塔、當車輛經過附近時即可自動接收並收集該能量塔，又或是讓各地區的駕駛人各自分組、哪個地區的駕駛人擁有更多路段就能收集更多能量塔等，透過各種競賽活動創造出更豐富多元的元宇宙。

假如有使用生活日誌化元宇宙的顧客購買新車，也可以將他們使用生活日誌化元宇宙的紀錄當作根據提供額外折扣、或提供服務商品等獎勵機制與程式連動。

另外一個方法就是建立擴增實境元宇宙。例如由現代汽車公司開發並發行擴增實境的應用程式，讓使用者可以輕鬆

地變換、裝飾現代汽車的外觀。利用擴增實境應用程式提供裝飾功能，讓使用者可以預覽愛車實際貼上各種貼紙、掛上小型配備等的效果。除了應用程式裡提供的基本工具外，也能讓使用者客製化貼紙、小型配備與其他使用者分享；還可以將應用程式上人氣最高的貼紙、小型配備等做成實體當成活動贈品分發，或在應用程式內開設購物中心販售。

下一個方法是讓擁有現代汽車的車主在客廳或會議室享受擴增實境的賽車遊戲。例如有三個朋友聚在一起，分別擁有 Grandeur、Sonata、Palisade 三種車款。只要開啟每個人智慧型手機裡的擴增實境賽車遊戲，就能在客廳的地面上看見賽車跑道，自己的愛車也會位於起跑線前。比賽一結束就能看到自己在朋友圈中的排名，以及同款車車主間的排名。即使不是實際擁有該車款，也可以根據賽車紀錄開放使用者在擴增實境中嘗試駕駛幾次。

當然，僅憑我個人羅列的這些簡單功能並不能完成整個元宇宙。選擇使用什麼樣式的虛擬化身呈現生活其中的人們、以何種區間或比例提供使用者報酬、如何設計經濟體系、想引導使用者之間產生什麼樣的相互作用，這些都會左右一個元宇宙的生命力。

LG 化學：
在元宇宙裡建設化工廠吧

　　LG 化學在韓國國內的化學領域是排名第一的企業，在世界化學企業中，品牌價值位居第四。不過大家知道 LG 化學生產哪些產品嗎？假如各位對化學領域沒什麼興趣，所能想到的產品就不會太多。LG 化學生產石化產品、電池（電子產品、小型移動工具、汽車等使用的電池）、**特殊材料**（汽車內外裝材料、有機發光二極體 OLED、螢幕材料、高功能薄膜等）、**醫療藥物、肥料、種子**等多種產品。尤其很多人不知道 LG 化學還生產肥料、種子，其實 LG 化學在韓國同領域的市占率位居第二。

　　在 LG 化學工作的人當然都知道上面列舉的內容。但是由於企業規模十分龐大、各個業務部門錯綜複雜，想必也很難在腦海中想像出這個企業生命體整體上是如何運作的。

為了幫助那些化學產品的最終消費者、對 LG 化學感興趣的一般大眾、以及在 LG 化學工作的人清楚了解 LG 化學的整體結構和價值鏈（value chain），建議 LG 化學可以建設出一個化學工廠的元宇宙。

　　西門子（Siemens）是德國一家提供電力、電子產品、系統建設方案的企業，為了向一般民眾宣傳公司設立工廠的相關技術和品牌，並吸引各種領域的菁英人才，他們推出了《Plantville》這套遊戲。這裡補充說明一下，系統建設產業會提供客戶輸配電、開採石油及天然氣等所需的生產設備，或扮演協助建設工廠的角色。透過《Plantville》，使用者可以體驗建設並經營一間工廠，同時加深對西門子公司業務的理解，進而提高品牌好感度。

　　這種理解與好感的提升，也能增進各國人才前來應徵的動機，這正是西門子公司所需要的。《Plantville》也被用於西門子內部員工的教育訓練。剛進入西門子工作的員工擁有各種不同的知識與經驗背景，不過對大部分的職員來說，西門子公司的主要業務──系統建設仍然是一個大家較為陌生的領域。《Plantville》這套遊戲雖然無法讓使用者詳細了解西門子公司擁有的所有技術屬性，卻能簡單、有效地幫助新員工理解系統建設產業的特色與西門子公司所扮演的角色。

《My Marriott Hotel》是由萬豪酒店（Marriott）提供的一款遊戲。內容是讓玩家在萬豪酒店的廚房等環境，適當調配有限的預算解決更換廚具、購買食材及聘用廚師等問題，進而達成解決積壓訂單和提高等級的目標。等級變高之後就可以離開廚房，開始體驗酒店的其他業務。各界普遍認為《My Marriott Hotel》確實是一個提高各領域人才對萬豪酒店關注度的方法，獲得許多正面評價。實際上，萬豪酒店為了進軍中國、印度等新興市場而聘用大規模人力資源的過程中，《My Marriott Hotel》也成為了一個相當有效的宣傳手段。結果顯示在遊戲中獲得高分的人，對於酒店實際業務的關注程度與理解程度也相對較高，而新進員工在使用《My Marriott Hotel》的同時，也能輕鬆掌握酒店中各式各樣的業務。

　　非常建議 LG 化學能試著參考西門子的《Plantville》、萬豪酒店的《My Marriott Hotel》等內容。

　　目的是希望能藉由這些工具呈現出 LG 化學的整體化學系統建設是如何構成的，以及每個過程會產生什麼樣的附加價值，同時加深外部人士對 LG 化學的理解，並作為收集外部人士發想的溝通管道。此外也可以幫助內部職員，尤其是那些與研究或技術領域不相關的工作人員，共同了解 LG 化學在技術上的特點。

6-5

Kakao Talk：
幫忙代寫自傳吧

故事發生在去年夏天。我有一場演講在早餐時間進行，所以一大早便搭上了計程車。我發覺駕駛座那位頭髮花白的司機先生似乎很好奇我為什麼要這麼早到飯店，我說自己在那裡有一場演講，對象是各種題材的廣告行銷負責人。司機先生非常開心，他說自己年輕時也做過那方面的工作。在抵達飯店之前我們聊了好一陣子。正準備下車時，他從駕駛座旁拿出了一本小冊子，滿臉羞澀地遞給我。那是司機先生寫的自傳。到了深夜，我拿出放在包包裡那本自傳仔細閱讀。我忽然覺得我們每個人都過著看似相似卻又不同的生活，也開始思考為什麼司機沒有要銷售自己的故事，卻還是將這些編輯成書呢？

我想，或許是因為我們的人生與其他人相似卻又有所不

同，這段人生對我們而言正是最特別的故事，所以司機先生才會這麼做吧！

在韓國有 94.4% 的人使用 Kakao Talk，其中大部分的人會在「Kakao Story」這個生活日誌化元宇宙上記錄自己的日常生活。他們將線下的生活紀錄原封不動地放到 Kakao 建設的鏡像世界元宇宙上。透過 Kakao 搜尋路線、叫計程車、代駕、導航、公車路線介紹、捷運路線介紹、搜尋停車場等服務，Kakao 知道我們到了哪裡，也知道我們是怎麼移動的。Kakao 金融領域的 Kakao Pay、線上股票交易、Kakao Bank 等服務，知道我們把錢花在哪裡、投資了什麼。而 Kakao Page 的網路小說、網路漫畫、純文學，和 Kakao TV 的影音內容服務，則知道我們喜歡看什麼、讀什麼。

如今已經來到用人工智慧程式撰寫小說的時代了。我們來看一段文章節錄：「『打起精神說吧！』她深深吐了一口氣，身體一動也不動。所剩的時間不多了。時間究竟過了多久呢？我想要一吐為快，連氣都不想換。她卻不相信我。」這篇文章是由新創公司「POZA labs*」研發的人工智慧程式

---

*韓國一間研發並推廣 AI 技術的新創公司，官網提供詞曲創作音源，皆為人工智慧創作。

在 2019 年所寫的內容。而在 2016 年，日本科幻文學獎「星新一賞」的徵文比賽中，有四部人工智慧程式撰寫的小說通過了初審。

假如 Kakao 宇宙將手上關於我們多元且仔細的龐大紀錄交給人工智慧小說家，會誕生出什麼樣的作品呢？

尤其當人工智慧小說家連我們透過 Kakao Talk 和身旁人溝通、處理工作的對話記錄都能鉅細靡遺地洞察時，我認為它將能寫出一部相當不錯的傳記。若以時間軸來寫故事，短則可以放入一天的日記、長則能盛裝我們數十年人生的記錄；若以題材為主軸，則會出現我們愛恨離別的故事、職涯管理的故事、或是黑歷史集錦等各種內容。

我不太確定比較好的商業化模式是 Kakao 將這些內容賣給個人，還是以其他形式處理。但我有把握的是，主角是我們自己的故事，這內容確實能對我們產生極大的吸引力。要是我們覺得和朋友分享自己的故事、聽取建議或向某人分享會讓我們感到不自在，也可以將我們的故事分享給人工智慧讀者或人工智慧諮商師，並聽取他們的感想及建議。在這些魅力和附加功能的基礎上，便可以讓人沉浸在更加多元的 Kakao 元宇宙服務中。

元宇宙裡有無數的人生活在一起，每個人都各自以自己

為中心畫個圓，過著自己成為主角的生活。元宇宙可以生成並記錄大量的數據和資料，卻缺乏能將數據、資訊、時間和人們聯繫在一起的故事。能打動人心、並改變行動的並不是數據或資料，而是故事。希望這個故事能由 Kakao 來撰寫，也期待 Kakao 能為留在 Kakao 元宇宙的人們送上他們身為主角的故事。

賓格瑞：在《機器磚塊》建設賓格瑞王子的宮殿吧

　　食品公司賓格瑞（Binggrae）＊在 2020 年 2 月使用了一個極為獨特的行銷手法。在賓格瑞的官方 Instagram 上突然有一名漫畫人物——「賓格瑞烏斯・德・馬西斯★」登場，而且發文只說了一句：「你好？＋」

　　結果引起了消費者的熱烈反應，紛紛留言以為是負責人要引退、被駭客攻擊，或是覺得這樣的訊息非常符合御宅族的喜好等等。賓格瑞烏斯表示，他是賓格瑞王國的王位繼承人，從父親那裡繼承了 Instagram 頻道的經營權。

　　賓格瑞烏斯是賓格瑞為行銷而創作出來的自製角色，在

＊韓國家喻戶曉的香蕉牛奶品牌，推出各種口味的調味乳。
★原文為빙그레우스 더 마시스，意思直譯是「賓格瑞・更・美味」。
＋韓文中的안녕可同時表達「你好」及「再見」之意。

歐洲貴族般的外貌上又添加了惡搞意味濃厚的幽默趣味。例如賓格瑞烏斯會用賓格瑞推出的各種產品來裝飾自己，皇冠是香蕉牛奶、褲子是雪糕三明治（PANGTOA）、手中握的權杖是哈密瓜雪糕（MELONA）和螃蟹餅乾。隨著角色大受歡迎，賓格瑞也開始定期上傳賓格瑞烏斯的貼文：「明天的事就交由孤來處理吧！」、「孤正在散步，Instagram 友人們在做什麼呢？」、「孤聽說最近戀人的暱稱都會取個甜甜的甜點綽號。正讀著這篇文章的你，My Sweet 香蕉牛奶，要不要和孤在庭院裡共飲一杯香蕉牛奶？」……等等，和粉絲交流。

在賓格瑞世界觀之下，還陸續推出了許多根據賓格瑞產品發想出來的角色，像是 B.B.BIG、TOGETHER LIGORIKYUN、花蟹郎、ONGTE MELONA BREWJANG、酷暑獵人、EXCELLENT 兄妹*……等。

賓格瑞是一家創業超過五十年的企業，對我來說也是從小就十分熟悉的親切品牌，不過由於這家企業從以前就一路陪伴著我們成長，某方面也開始覺得這個品牌有了中年企業

＊ B.B.BIG 為紅豆雪糕品名、TOGETHER LIGORIKYUN 中的 TOGETHER 為杯裝冰淇淋品名、花蟹郎為螃蟹餅乾品名、ONGTE MELONA BREWJANG 中的 MELONA 為哈密瓜雪糕品名、酷暑獵人（SUMMER CRUSH）為咖啡雪糕品名、EXCELLENT 為小奶塊冰淇淋品名。

的感覺。但是，賓格瑞以賓格瑞烏斯為主角打造出的賓格瑞王國，精準地打中了 Z 世代的心。賓格瑞烏斯的發文平均都有超過 4000 人次按讚，按讚數是其他賓格瑞既有發文的 2 倍。回覆的留言數也從數十則左右上漲到數百、甚至數千則。截至 2020 年 9 月為止，賓格瑞 Instagram 粉絲數達到 14 萬 9 千人，在韓國國內的食品公司中排名第一。而 2020 年第二季受新冠疫情影響，製造業領域的整體銷售額停滯不前，但正是在這段期間，賓格瑞的銷售額和營業利潤分別增加了 30% 和 7.4%。

2020 年初賓格瑞在營運企劃中聲明，未來將致力於擴大海外事業體系。賓格瑞目前採取的銷售方式是先在韓國國內生產，再將產品出口至其他國家，但外界預測賓格瑞為了因應國外市場的發展，可能會轉往美國當地設立工廠。

假如賓格瑞在這種情況下到《機器磚塊》裡打造一座賓格瑞烏斯的宮殿會如何呢？《機器磚塊》玩家規模在 2019 年高達 9 千萬人，到了 2020 年則超過 1 億 1 千 5 百萬人，而國外使用者也比韓國國內更多。在美國以青少年為主要客群的事業體中，《機器磚塊》這個平台比任何企業擁有更多的客群，具有壓倒性的優勢。根據 2018 年的資料顯示，美國未滿 13 歲的孩子在《機器磚塊》元宇宙裡所花的時間，

是 YouTube 的 2.5 倍、Netflix 的 16 倍。我建議賓格瑞可以在《機器磚塊》這個遊戲中建立一個有著賓格瑞烏斯宮殿的王國,同時設立展示廳展出品牌的各種產品、以賓格瑞的產品形象打造一座遊樂場,並提供小遊戲讓賓格瑞的品項都能登台演出。使用《機器磚塊》這個平台,本身不需要花費額外費用。當然,如果想要在《機器磚塊》裡打造出賓格瑞烏斯王國,就需要經歷像是設計整體地形、運用 Roblox Studio 編輯內容並上傳,以及和玩家溝通等經營過程。相對地,在宣揚賓格瑞品牌及多樣化系列產品的效果方面,對於國外無數的客群、尤其是身為賓格瑞主要客層的國外青少年所帶來的龐大效果是相當值得期待的。

　　賓格瑞運用生活日誌化元宇宙的社群媒體打造出粉絲群的戰略十分成功,不過我也希望賓格瑞品牌能進軍《機器磚塊》這樣的虛擬世界元宇宙,以賓格瑞烏斯為主題、為賓格瑞烏斯的粉絲提供更豐富多元的體驗。因為我認為由使用者親身參與、同樣以成員身分活動的虛擬世界元宇宙所傳達的感受,比起單以閱讀和支持經驗為主的生活日誌化元宇宙,更能讓消費者真正沉浸其中。

6-7

麴醇堂：在《俠盜獵車手 Online》裡開一家酒吧

　　我個人很喜歡喝的百歲酒*、馬格利酒★等這些酒類，都是由麴醇堂製酒公司所生產。創辦人裴商冕（배상면）會長1952 年在大邱開設的麒麟釀酒廠，就是麴醇堂的前身。

　　麴醇堂大約從十年前開始，便向美國出口「麴醇堂馬格利酒」。截至 2019 年，累計銷量已經突破了 1200 萬瓶。包括美國在內，麴醇堂一共向世界 52 個國家出口馬格利酒。從 2020 年起也開始向美國出口高乳酸菌含量的功能性傳統酒──「1000 億 PreBio 馬格利酒（100 Billion Prebiotic Makgeolli）」。同時麴醇堂也計劃藉這個機會，向國外市場

＊韓國一種由糯米和 12 種中藥釀造的酒精飲料，據說喝了能長命百歲。
★朝鮮半島一種用米發酵而製成的濁米酒。

推廣頂級馬格利酒。

因為隨著韓國流行文化逐漸向外傳播，許多國外消費者對於馬格利酒的認知也相對提高，特別是關注韓流文化的二、三十歲年輕消費者，反應尤為熱烈。

麴醇堂不斷拉升韓國傳統酒在國際市場中的定位，因此我建議麴醇堂能開始關注《俠盜獵車手 Online》（Grand Theft Auto Online）元宇宙。由 Rockstar Games 開發的《俠盜獵車手 Online》這款遊戲的背景設定在一座虛擬城市洛聖都（Los Santos），主角是各種犯罪案件的發起人。

洛聖都這座城市，在設計上主要參考了洛杉磯的地形及地標。因為以現代的實際城市作為背景，所以遊戲大街上隨處都能看到購物中心、銀行、警察局、醫院、酒吧……等等。

玩家們會在洛聖都執行各種任務賺錢，購買住處、辦公室等房地產，或添購各式各樣的衣服、武器等裝飾自己的虛擬化身。玩家們可以一起在《俠盜獵車手 Online》合作執行任務，駕駛自己的遊艇、超級跑車、噴射機等，同時欣賞城市裡壯闊的美景。

玩家是透過 Xbox、PlayStation 等家用遊戲機或個人電腦連線《俠盜獵車手 Online》。起初系統提供服務時，同時在線的人數曾超過 1500 萬人，但 Rockstar Games 並沒有公開

《俠盜獵車手 Online》使用者人數。不過要連上《俠盜獵車手 Online》便需要《俠盜獵車手 5》的程式，而各國的累積銷售量已經達到了 1 億 1 千萬份，現在仍持續銷售中，由此可知世界各國《俠盜獵車手 Online》的玩家人數非常多。《俠盜獵車手 Online》是青少年禁止使用的元宇宙。正如前面所說的，因為遊戲中會出現玩家拿武器執行犯罪任務的情景，或是有酒吧等場所。

世界各國的玩家齊聚、青少年進不來，再加上整個城市也呈現出西洋風貌，這就是《俠盜獵車手 Online》元宇宙。那我們在洛聖都的大街上開一家麴醇堂的酒吧如何？在《俠盜獵車手 Online》中，玩家是可以進入酒吧點酒來喝的。喝了酒之後，遊戲畫面會輕微晃動，呈現出喝醉的效果。此外，如果在喝了酒的狀態下開車，警車也會上前來拘捕玩家。

要是能在遊戲中的洛聖都大街酒吧銷售「麴醇堂生馬格利酒」、和「1000 億 PreBio 馬格利酒」，那麼對於不認識麴醇堂品牌和韓國傳統馬格利酒的外國人來說，將會是一個十分有趣的宣傳。當然不是光看麴醇堂的意願就行的，那我們先向 Rockstar Games 伸出友誼之手怎麼樣？

假如開設酒吧的目標難以實現，也可以試試在洛聖都街道上設立麴醇堂的廣告看板，或在那些行駛在洛聖都公路上

的大型拖車、卡車的側邊置入麴醇堂馬格利酒的圖像也是個
不錯的點子。

6-8

愛茉莉太平洋：
在元宇宙銷售數位化妝品吧

愛茉莉太平洋（AMOREPACIFIC）與 LG 生活健康是在韓國化妝品業界並駕齊驅、數一數二的化妝品公司龍頭。愛茉莉太平洋的前身是 1945 年成立的太平洋化學工業公司，旗下的化妝品品牌包含雪花秀（Sulwhasoo）、赫拉（HERA）、艾諾碧（IOPE）、蘭芝（LANEIGE）、夢妝（Mamonde）、韓律（HANYUL）……等。

以 2019 年為準，愛茉莉太平洋的銷售額為 52 億美元，營業利潤為 4 億 1 千萬美元。銷售額比前一年增加了部分，但營業利潤卻連續 3 年都呈現下降趨勢。進入 2020 年後更因為新冠疫情的影響，第一季營業利潤跟 2019 年同期相比減少了 66.8%，相當於 5600 萬美元。

為了克服這種情況，愛茉莉太平洋表示正在積極開發創

新商品、擴大顧客的體驗空間、多角化經營國內外通路等。

　　不僅是愛茉莉太平洋，其他化妝品企業也面臨到同樣的困境。由於新冠疫情的影響，願意踏入實體店面的消費者越來越少，同時也掀起一股數位轉型的浪潮。LG 生活健康、CJ Olive Young、TONYMOLY 等以經營實體店面為主的企業紛紛轉戰線上平台。現在這些企業最關注的焦點就是網路購物中心和行動裝置的購物應用程式，化妝品業界也一步步嘗試在購物功能以外的領域連結資訊科技。像 TONYMOLY 表示，他們計劃運用人工智慧建立一個平台，向顧客推薦他們適合的化妝品和化妝方法。CJ Olive Young 則為了活絡職員彼此之間的溝通，開設了一個名為「olive lounge」的行動裝置平台。這些戰略的共同點就是為了幫助顧客在現實世界中更輕鬆地選擇化妝品、購買上也更方便。

　　假如愛茉莉太平洋開發出不是用在現實世界，而是用在元宇宙中的化妝品會如何？人們經常使用的遠距視訊會議、遠距視訊教學平台，包括 Zoom Video Communications 的 Zoom、思科（Cisco）的 WebEx、微軟的 Teams 等。這些工具基本上都是為了讓企業可以進行遠距視訊會議而開發的，但新冠疫情以後，隨著各國教育機構開始進行線上授課，也被當作遠距視訊教學的工具。其中，我們來看邁入 2020 年後

最常被使用的 Zoom，可以發現在 2019 年之前 Zoom 的使用者人數大約數千萬人，但在 2020 年 3 月卻遽增到 2 億人，4 月更達到 3 億人。Zoom 提供使用者可以改變他們所在之處的背景，以及可以調整臉部膚色的功能，受到相當大的迴響。

近來越來越多視訊會議產品，運用虛擬攝影機（Snap Camera）提供這類的強化功能。虛擬攝影機這項程式，可以透過虛擬影像讓人在自己的臉戴上眼鏡、鬍鬚、耳環、帽子等等，展現出各種電影、動畫人物形象。電腦的其它軟體會將虛擬攝影機當成攝影鏡頭，因此當我們用虛擬攝影機裝扮自己的臉，並將 Zoom 或 WebEx 等軟體中的鏡頭設定成虛擬攝影機時，就能把我們透過虛擬攝影機製作的模樣發送到視訊會議的軟體上。裝飾臉部的各種主題又稱為濾鏡。即使睡醒之後頭髮亂翹，只要使用虛擬攝影機的帽子濾鏡，就能戴上帽子、用帥氣形象出席視訊會議。

日本化妝品企業資生堂也透過虛擬攝影機應用程式提供了數位化妝的功能。我們在虛擬攝影機上搜索「TeleBeauty」，就會出現資生堂提供的四種數位化妝濾鏡。只要選擇自己喜歡的濾鏡，我們的臉上便會呈現出用資生堂化妝品化過妝的樣子。

在這狀態下使用視訊會議應用程式時，就能以完妝姿態

和別人見面。當我們想實際化出虛擬攝影機上的那四款數位濾鏡妝容時，資生堂首頁上有一個選單會建議我們購入哪些資生堂的化妝品。

愛茉莉太平洋要是能在運用虛擬攝影機的多款應用程式上，透過濾鏡形式介紹自家的化妝品也是個不錯的方法；然而為了提供顧客更多元的體驗，我建議可以開發自己獨家的工具。像是提供使用愛茉莉太平洋各品牌化妝品的基本濾鏡，呈現出具差異化的妝容。在這基礎之上，再讓使用者們依照個人喜好調整妝容，並將修改後的結果儲存為新的化妝法，讓使用者們能透過生活日誌化元宇宙的社群媒體與朋友分享，也讓使用者看到自己的妝容實際上用了哪些化妝產品，同時連動到購物中心提供購買服務。如果使用者在社群媒體上分享他們的數位妝容之後獲得許多迴響，就可以提供他們購物中心的點數或折價券。至於使用者化好的妝容則可以連動到 Zoom、WebEx、Teams 等遠距視訊會議、視訊教學程式上，與各種 OBS（Open Broadcaster Software，開放式廣播軟體）連結。OBS 這種軟體能在錄製好的線上影片內容、或是即時串流媒體上結合各種影像、音源，例如 PRISM Studio、XSplit 都屬於這類軟體。另外，若消費者到實體店面或購物中心購買愛茉莉太平洋的產品，可以在那些化妝品包裝內放

入代碼讓消費者改變自己畫面的背景，相信這也會很有趣。

　　視訊會議、視訊教學的使用者們為了不讓自己的生活環境曝光，經常使用從網路上下載的度假勝地或好看的咖啡廳照片。假如愛茉莉太平洋可以提供各種子品牌的背景套組讓使用者運用，你覺得如何呢？

Big Hit 娛樂[*]：
在 Weverse[★]建立 K-POP 王國吧

隨著 BTS（防彈少年團）受到全世界的愛戴，也越來越多人認識 BTS 的經紀公司 Big Hit 娛樂。Big Hit 娛樂是 JYP 娛樂[✚]2005 年 2 月設立的演藝企劃公司。我個人認為非常有趣的是，Big Hit 娛樂的第二大股東是遊戲公司 Netmarble（24.87%）。Big Hit 娛樂 2019 年的銷售額為 4 億 8 千萬美元，是 2018 年銷售額 1 億 7 千萬的 2 倍之多。2019 年的營業利潤為 8 千 1 百萬美元，也是 2018 年的 2 倍左右。

美國財經商業媒體《Fast Company》在「2020 年全

---

* Big Hit 娛樂於 2021 年 7 月 1 日更名為 HYBE（주식회사 하이브），而 Big Hit 娛樂則成為 HYBE 旗下的子公司 BIGHIT MUSIC（빅히트 뮤직）。
★一款為 BTS 粉絲開發的社群軟體。
✚與 SM 娛樂、YG 娛樂並列為韓國三大娛樂公司。

球 50 大最創新企業（The World's 50 Most Innovative Companies 2020）」中，Big Hit 娛樂名列第四。其他排名如第一名是社群媒體公司 Snap、第二名是微軟、第九名是機器磚塊、第三十九名則是蘋果，這些資訊供各位參考。Big Hit 娛樂獲選為第四名是一件很了不起的事，這表示《Fast Company》認為 Big Hit 娛樂是一家比蘋果更具創新性的公司。

Big Hit 娛樂的創新性體現在很多面向，不過其中我認為 Weverse 更是集結了所有創新性之大成。BTS、SEVENTEEN、GFRIEND 等韓團的粉絲們應該有很多人都使用過 Weverse。K-POP 藝人們的粉絲團和後援會一般都是透過網路社群活動，例如使用入口網站提供的公開社群服務，或是獨立自製網站，而 Weverse 則是將這些粉絲社群服務都整合到同一個平台上。Big Hit 娛樂表示，未來將會透過 Weverse 管理粉絲社群、宣傳線上及實體活動並提供直接預約的服務，同時銷售多種限量版商品。目前經營 Weverse 的企業是 Big Hit 娛樂公司的關係企業 beNX。

進入 Weverse 平台之後，可以看到 BTS、SEVENTEEN、GFRIEND 等一些和 Big Hit 娛樂相關的藝人列表。使用者可以選擇自己喜歡的藝人，個別加入該社群。在特定藝人的社群裡會提供藝人直接上傳的回覆、粉絲們上傳的回覆、相關

藝人各項媒體活動的資料錦集、為付費使用者額外追加的內容（使用者想付費加入特定藝人的社群時，必須在 Weverse Shop 購買票券）等。

Weverse Shop 上也會和 Weverse 連動，銷售演出門票或限量版商品。舉例來說，2020 年 6 月 14 日 BTS 的線上演唱會「Bang Bang Con: The Live」，無論是活動宣傳、門票購買、觀看演出，還是購買相關商品，全部都可以在 Weverse 進行。

粉絲們發文時，可以設定不讓藝人看到；藝人也可以藉由影片或語音上傳回覆。Weverse 為了讓不同國家的粉絲們方便溝通，還提供自動翻譯功能，將回覆內容翻成世界各國的語言。藉助這些多元的功能，累計至 2020 年 9 月為止，總共有來自世界 229 個國家、1347 萬名的使用者，平均每天都有 140 萬人造訪 Weverse。藝人們會不斷發文，不過若再加上粉絲們上傳的無數貼文，平均一個月就有約 1100 萬篇的內容。

以 2020 年 9 月初為基準，BTS、SEVENTEEN、GFRIEND 的社群分別有 670 萬人、127 萬人、81 萬人加入。2020 年 7 月，三星電子甚至還推出了搭載 Weverse 為手機基本應用程式的「Galaxy S20+BTS Edition」。

可以預期的是，Weverse 的使用者人數、內容多樣化及

份量、功能等各方面都將持續成長。然而成長過程中也遇到了一些問題，像是因為事先沒有過濾粉絲上傳的貼文，有時會出現對特定藝人過於露骨地謾罵或性騷擾的文章。另外，Weverse 和粉絲們自發性經營的粉絲社群相比，申請註冊的門檻降低了很多，因此粉絲之間也會因偏好差異而產生不和。

為了 Weverse 的持續成長，我想提出幾點策略性建議。第一，在 Weverse 元宇宙提供每個使用者客製化的經驗。現在 Weverse 元宇宙的結構是向所有藝人的粉絲提供相同的經驗，例如 BTS 社群裡所有粉絲、藝人上傳到該社群的貼文等，所有粉絲一律都能看得到。但正如前面所說的，一個社群有數百萬人加入，每個月都有數百萬篇文章上傳。而且在同一個社群內，粉絲們之間的偏好也存在著不小的差異。因此比起向所有人展示相同內容，更需要透過人工智慧分析並學習每個粉絲在社群活動的紀錄，優先呈現符合個別粉絲偏好的回覆、或為粉絲推薦錯過的回覆內容等功能。更進一步來說，假如能提供偏好相似的粉絲們彼此溝通的小組功能和內容是再好不過的了。

第二，提供專屬於元宇宙的數位商品。讓粉絲在元宇宙上使用的虛擬化身形象可以和藝人的樣貌進行合成，或藉由人工智慧程式學習藝人的影像和聲音，向粉絲個人傳送特別

的影音訊息。也可以運用擴增實境的功能，只要粉絲在特定空間拍照，就可以拍出藝人在旁邊一起合影的樣子。

第三，目前既有的 K-POP 藝人和經紀公司，大多是透過合作企業的協助來解決宣傳、門票和商品銷售、演出轉播等，但 Weverse 處理方式是在同一個平台內自行消化所有服務項目。

雖然 Weverse 可以在獨立的平台上完成一切，不過如果想以更多元的方式和大眾溝通，試著跟其他元宇宙合作會如何呢？ 2020 年 9 月 26 日，BTS 在《要塞英雄》發表新歌《Dinomite》的 MV，並舉行了一場演唱會。他們特地為了《要塞英雄》重新編排舞蹈，得到了現有 BTS 粉絲和《要塞英雄》玩家的熱烈迴響。

這個方式和美國饒舌歌手崔維斯・史考特之前在 Epic Games 的《要塞英雄》元宇宙中舉辦演唱會的方式十分類似。希望 Weverse 所屬的藝人往後也能更活躍地和多樣化的擴增實境、生活日誌化、鏡像世界、虛擬世界元宇宙進行跨界合作。即使藝人們主要活動的舞台是 Weverse，但也期待他們能為了與各個元宇宙的使用者進行交流而穿梭於許多不同的元宇宙。

這種跨界合作有兩方面的涵義：一是利用元宇宙各自具

有的特性，為用戶帶來每次都不一樣的嶄新體驗，而另一方面也能成為將其他元宇宙使用者導入 Weverse 的契機。

6-10

CJ 大韓通運：
為鏡像世界賦予故事價值吧

2020 年 4 月初，網路上出現了一段外送員坐在路旁邊吃蛋糕邊落淚的影片。影片的主角是中國武漢的一位外送人員。外送員確認了應用程式上的外送訂單便前往蛋糕店領取餐點，他在蛋糕店收到蛋糕和訂單後，卻整個人呆站在原地好一陣子，因為訂單上的蛋糕收件人正是外送員自己。當時整個武漢市因為新冠疫情蔓延而封城，只有外送員為了無數的市民孤軍奮戰。有人為了向外送員表達謝意而訂了一個蛋糕給他，那天正好是那位外送員的生日。外送員在空無一人的街道上一邊吃著蛋糕、一邊流下了眼淚。

武漢市封城後，包括學校、政府機關在內的大部分公共設施和商店都關門了。

在這種情況下，外送員反而更加忙碌。為了將醫療藥物、

食物、口罩、各種生活必需品送到市民手中，他們必須冒著被感染的風險，往返比平常還要更遠的距離。在這個環境背景下，將自己日常生活中關於一個外送員的小故事分享到社群媒體上，便受到了很多人的關注。還有像是送家人準備的餐點給駐院醫生的故事、獨自被關在醫院隔離而罹患憂鬱症的顧客在領取餐點時收到了外送員的問候而得到安慰的故事、外送員救出被困在偏僻角落的貓的故事……等等。市民們透過外送員上傳到社群媒體上的生活日誌，了解到其他人怎麼在被封鎖的城市裡度過生活，也看見彼此之間依然存在哪些連結並從中獲得了力量。

韓國國內的外送市場每年年均增長約 8.2% 左右。但十年前的外送費平均單價是約 2500 韓元（約等於 2 美元），到了 2020 年的現在卻下降到了 2000 韓元（約等於 1.6 美元）出頭。雖然市場不斷擴大，外送人員數量也大幅增加，然而在收益方面卻遇到了困難。

在這樣的情況下，新聞報導也出現了許多訂外送的顧客和外送人員之間產生矛盾的案例。我希望寄送、接收物品的人可以更加關心並體諒外送員的辛苦。因為我們很容易忘記外送員運送的東西裡也包含著我們社會經濟的發展趨勢、以及我們生活的痕跡。

假如物流公司 CJ 大韓通運透過生活日誌的形式在社群媒體上分享外送員的故事會如何？如果只上傳特定某個人的故事，也許會讓人感到負擔，那麼我建議試著打造一個象徵 CJ 大韓通運外送員的虛擬角色。讓各個外送員把自己外送的故事傳給 CJ 大韓通運生活日誌元宇宙的管理者。可以一天上傳一兩則，或是偶爾發布一則讓人印象深刻的故事也不錯。管理者整理這些故事後，便能藉由虛擬角色分享到在社群媒體上。我期待將這些故事傳達給顧客的同時，能藉此改善顧客對外送服務和外送人員的認知，並建立彼此體諒、關懷的文化。一般使用外送服務的顧客不太了解外送服務的流程如何進行，他們只是利用鏡像世界確認自己的物品到了地圖上的哪裡、什麼時候會送達。但是，物品並不會僅憑著這些應用程式自動被搬運，而是有人汗流浹背地搬著包裹、裝上車，這些貨物才能安全送達我們家。我希望大家都能共同分享這個過程，因為只有如此，我們看待彼此的視線也才會變得溫暖。真心期盼 CJ 大韓通運能建立一個凝聚溫暖目光的生活日誌。

元宇宙
不是樂園

「通往樂園的路是從地獄開始的。」

——但丁·阿利格耶里

現實會消失嗎？
元宇宙與現實的關係

　　人類為何不斷地創造元宇宙、想要元宇宙呢？柏拉圖將遊戲的起源和神連結起來說明。他認為，人類是真摯存在的神為了自己的快樂而創造的被造物，人類自己玩著遊戲的同時也能讓神感到愉快，而神教導人類的遊戲就是模仿。柏拉圖用模仿（mimesis）解釋人類的遊戲，指把某種東西做得相似或再現出某種東西。畫家模仿風景畫出畫作、音樂家模仿自然的聲音創作出歌曲，他們分別模仿了視覺和聽覺。對於人類來說，元宇宙就是一個巨大的模仿空間，擴增實境模仿我們想像中的故事、生活日誌化世界讓我們透過紀錄模仿彼此的生活、鏡像世界模仿現實的構造和關係、虛擬世界是在我們自己生活的世界基礎上加入想像力進行模仿，所有元宇宙都是模仿下的產物。

元宇宙最終也是藉由模仿進行遊戲的空間。無論元宇宙的創造者其目的是什麼，生活在其中的人都是希望得到遊戲和樂趣。韓國外送平台「外賣民族」不是遊戲程式也不是網路漫畫，他們卻選擇將趣味和諷刺暗號融入平台，原因正是出於使用者喜歡遊戲。只要人類喜歡遊戲的特質不變，就會不斷出現更多樣化的元宇宙，這個領域也會越來越寬廣。

　　鏡像世界元宇宙不斷複製現實，那麼現實的關係會慢慢被削弱嗎？虛擬世界元宇宙持續成長的話，現實會越來越模糊嗎？元宇宙正逐漸使現實變得清晰，同時也讓現實變得模糊。在新冠疫情之下，鏡像世界在維護小商家的商圈方面做出了巨大貢獻。人們透過鏡像世界訂餐、預約髮廊、掌握感染者的動向，並延續了外部的生活。人們還可以在元宇宙裡舉行演唱會、唸書、開會。假如沒有能夠實行這些事情的元宇宙，我們在新冠疫情下的生活面貌會更加模糊不清。在生活日誌化元宇宙上，我們和許多朋友溝通、保持聯絡。要是沒有這樣的元宇宙，畢業後連一次都沒有聯絡過的朋友，就只能藉由文字訊息和表情符號交流感情而已。正因為可以在這樣的元宇宙中交流感情，所以我們即使時隔三年才在現實世界中再次見面，也不會覺得尷尬。

　　可以說，元宇宙將現實的繩索維繫得更為牢固。但相反

地，元宇宙也會加深人類對現實世界的恐懼。當我們養成了盡量在元宇宙內解決一切的習慣，便會降低我們對現實世界的免疫力。

元宇宙並不能完全取代現實。不過有些人仍夢想著所有人可以透過人機介面生活在元宇宙，至於人類必須的營養就由現實世界的人形機器人（humanoid）和人工智慧系統自動製造並補給。從某種角度看，雖然這樣的生活看似擺脫了物質束縛，生活在更深層的精神世界，但其實這種生活只是放棄了對物質世界的探索和挑戰罷了。如果人類沒有了精神思想，物質就毫無意義；然而如果沒有了物質，我們的精神思想也不會存在。

7-2

元宇宙的加法構造：
是逃避？還是挑戰？

　　元宇宙和現實世界從獎勵制度的角度來看，有著龐大的差異。讓我們來看哈佛大學的羅伯‧沃斯利（Robert Walmsley）教授所做的獎勵相關實驗吧！沃斯利教授以三種不同任務和給予獎勵的形式進行實驗。第一種方式是當受測者成功完成任務之後給予獎勵；第二種方式是先給予獎勵後提出任務，萬一任務執行失敗，獎勵就會被奪回；第三種方式是即使完成任務也不會給予測試者任何獎勵。在哪一種情況下，受測者的滿意度和成果最好呢？結果顯示，第一種方式的情況最高，第二種方式的情況最低。比較特別的是，第二種方式的結果比什麼都不給的第三種方式還要低。也因此我們可以了解到，人對於東西被奪走的情況會感到不舒服。我們在現實世界裡遇到的情況，第一種到第三種哪一種最多？

我們試想一下考試卷評分的情形。假設每道題目 5 分，一共要解 20 道題目。那麼答錯了 2 題的話是幾分呢？答案當然是 90 分。請問各位是怎麼算的？0 分 +5 分×18 題 =90 分，或是 100 分 -5 × 2 題 = 90 分，各位的腦海中浮現了哪一種公式呢？如果是前者，就是沃斯利教授實驗的第一種方式；如果是後者，就是第二種方式。大部分的人都會用第二種方式計算。這樣計算的人比起自己答對的 18 道題目，更會因為出錯的那 2 道題目而內心受傷。所以考完試之後即使成績還不錯，仍然會覺得疲累。我們好好遵守交通規則時也沒有特別的獎勵，相反地，一旦違反交通規則就會收到罰單，這也屬於第二種情況。

人類的大腦對於獎勵和處罰會有不同的反應。得到獎勵時，獎勵中樞「依核（nucleus accumbens）」就會變得活躍而感到開心；受到處罰時，負責疼痛的「腦島（Insula）」就會變得活躍而感到痛苦。我們用同樣份量的獎勵和處罰做實驗的話，例如給 10 萬韓元獎金（約等於 82 美元）或徵收 10 萬韓元罰款，人類對罰款的反應強度是兩倍。意思就是，即使 10 萬韓元被別人搶走，稍後免費獲得 10 萬韓元，也不會有「-10 萬韓元 +10 萬韓元 = 0」的感覺，而是像「-10 萬韓元 ×2+10 萬韓元 = -10 萬韓元」的感覺。

大部分元宇宙的系統不是使用罰款、處罰、指責等「減法」，而是用獎金、升級、慶賀之類的「加法」，所以我們會喜歡那個世界的交互作用。

那麼我們若將現實世界的減法構造換成加法構造，會好一點嗎？又或者我們將元宇宙世界的結構，換成跟現實世界類似的減法構造會更好呢？會有那麼多人因為討厭減法、為了尋求加法而逃避，正是因為在現實世界中充斥著過多的減法。人們夢想著能在有許多加法的元宇宙世界裡挑戰更多事物，比起減法更想以加法為主來進行探險、溝通並獲得成就。

當我們在現實世界裡遭遇一些失敗時，隨著失敗而來的減法經常會讓我們深陷挫折。假如我們之前進行的計劃搞砸了、或是成績不甚理想，就必須忍受失去分紅、或是面對來自父母的指責。相反地，我們在元宇宙裡即使失敗也不會碰到減法，反而會鼓勵我們再試一次。在這種情況下，失敗的經驗反過來賦予我們更強烈的挑戰動機。這又稱為挫折效應（frustration effect）。現實世界和元宇宙，這兩者都應該要是能夠為我們帶來挫折效應的挑戰世界。

7-3

那個世界對我來說，
也令我疲憊

心理學家史金納（B. F. Skinner）曾針對何種獎勵方式可以提升滿足感進行實驗。大致來說，這是一項關於變動與固定的實驗。例如我們在 Facebook 上傳了一則貼文，每次都在一小時內可以收到 10 則通知，或是不知道幾小時內會收到幾則通知，這兩種狀況哪個更讓我們心動呢？答案是後者。我們對於不規則的獎勵制度更容易沉迷其中。比起年利率 2% 的儲蓄型投資，一般人更會被可能失去全部本金的股票投資吸引，也是出於同樣的原因。沉迷賭博的人所面臨的諸多心理問題之一，就是對這種不確定性獎勵的執著。我們在生活日誌化元宇宙的 Facebook 上傳新貼文後，會期待什麼呢？會期待朋友們對我們的發文留言及按讚。可能我們發個文、進會議室開會 30 分鐘左右，智慧型手機上就多了 20 幾則通知。

平常我們發文頂多只會有 10 則留言和按讚而已，今天居然在短短時間裡就多了 20 則通知，到底是誰回覆了文章？好奇死了。前面提到史金納實驗的不規律獎勵形態，證明了生活日誌化元宇宙的確會對我們帶來刺激。

元宇宙的回饋比現實世界更快。假如我們在公司升遷了，把消息上傳到 Facebook 後收到祝賀回覆的速度，和現實世界的同事、家人聽到消息後祝賀我們的速度，前者更是壓倒性地快上許多。

在元宇宙中我們與人溝通的方式、與系統溝通的方式，被設計成能極快速地回覆及不規律的獎勵結構。各位在社群媒體上發文時，是否也曾經浮現過以下的念頭呢？「為什麼留言的速度這麼慢？反應應該要比現在更好才對，全部只有這些回覆就沒了嗎？」

相較於現實世界裡的溝通，某個層面來說我們更期待在元宇宙的溝通。期望越大，伴隨而來的失望和疲憊也越大。假設各位像前面提到的一樣，當手機出現 20 則通知就會想要趕快點開的話，目前元宇宙已經讓你很疲憊了。

各位玩過光榮（Koei）開發的《三國志》系列遊戲嗎？遊戲結合了我們在小說讀過的各個將帥形象，以滿分 100 分為標準，藉由數值呈現出各個將帥的領導能力（統率）、武

力、智力、政治能力、魅力等。

在運動比賽的遊戲中，經常以現實世界的選手角色登場，遊戲中也會用數值呈現各選手的能力。對此備感壓力的運動員不在少數。足球選手米奇‧巴舒亞伊（Michy Batshuayi），對於自己在《FIFA 足球》遊戲中的能力值被設定得很低表達諸多不滿。他多次透過社群媒體向《FIFA 足球》遊戲開發商 EA Studios 提議，要求提高自己的能力設定值。

巴舒亞伊在足球比賽中開玩笑說，會努力踢足球來提高自己角色的能力值，結果在實際比賽中取得了驚人的成績。最終 EA Studios 也確實調整了巴舒亞伊在《FIFA 足球》遊戲裡的能力值。

要是在現實中，我們的頭頂或胸前貼有標示我們能力值的數字看板會如何？如果上班族的頭上都浮現各式數值標示企劃能力、文書能力、領導能力、及問題解決能力等，又會如何？以數位為基礎來運作的元宇宙，所有東西都會用數字來呈現及管理。我們在元宇宙上跟其他人見面、或與 NPC 溝通時，也許會認為這類的數字很有效率，可是一想到我們會被別人當成一連串的數字，感覺就十分不快。光是用數字來評價我工作的考核、成績就讓人開心不起來了，更何況還

要把那些數字掛在頭上，連用想像的也覺得可怕。

　　假如把電視劇《天空之城》、《夫妻的世界》用元宇宙來具體呈現，各位會想讓每個登場人物的頭頂都掛上他們哪些項目的能力值呢？你會想掛上成績、名次、愛情、信任之類的項目嗎？數字化的標示會讓彼此認識的範圍變窄。當我們用成績和名次來看待某人的瞬間，就會忽略他身上其他的特點。而且當我們看到用數字呈現的項目時，也很容易因為1、2之間的數字差異而斷定那個人。元宇宙為了提升溝通的效率而將很多東西數字化，然而這卻會阻礙我們更廣泛、更深刻的溝通，或是讓我們所有人變得非常疲憊。

亞馬遜真正可怕的原因，元宇宙的大手

　　美國企業亞馬遜（Amazon）在韓國國內擁有相當高的知名度。亞馬遜主要以什麼賺錢呢？很多人一聽到亞馬遜這個公司的名字，最先想到的就是 amazon.com 購物中心，也認為這是該公司收益最高的項目。亞馬遜擁有網路購物中心、實體賣場通路、亞馬遜 Prime、亞馬遜網路服務（AWS, Amazon Web Service）等事業領域。透過這些多樣化的事業領域，亞馬遜 2019 年的總銷售額為 2805 億美元，與前一年的 2329 億美元相比增加了 21%。2019 年的營業利潤為 145 億美元，與前一年的 124 億美元相比增加了 17%。

　　AWS 相當於雲端服務。如果你有使用 Naver 雲端或 Google Drive 的話，可以把 AWS 想成是讓大企業使用的雲端服務。

當然它的規模和用途上，跟我們個人使用的 Naver 雲端或 Google Drive 有一定的差異。我們可以如此理解，企業為了經營生活日誌化、鏡像世界、虛擬世界等元宇宙，需要容量相當龐大的儲存裝置、處理速度快又穩定的伺服器級主機、穩定的網路等等。而亞馬遜的 AWS 正好可以提供這些項目出借給各大企業。Netflix、Twitch、LinkedIn、Facebook等跨國企業，都是 AWS 的顧客。Netflix 是提供各種電影、電視劇等影音串流平台的企業，截至 2019 年擁有 1 億 6 千 700 萬名用戶。Twitch 是有 1 億多名觀眾加入、以遊戲為主的影片播放平台。只要把它想成是專門直播遊戲的 YouTube 就行了。LinkedIn 是專門用於商業用途的社群媒體服務。主要目的是使用在特定業界人士之間共享徵才、求職訊息，或傳達同業消息，並非用於個人生活。到 2020 年 3 月共擁有 6 億 7 千 5 百萬名用戶。

　　會暫時停下來介紹 Netflix、Twitch、LinkedIn，是想告訴各位最近規模如此龐大的企業比起直接擁有並營運自家的伺服器、儲存裝置、網路，更願意使用 AWS。在第六部介紹的 Big Hit 娛樂 Weverse，同樣也是使用 AWS。亞馬遜為夢想建立龐大 K-POP 王國的 Weverse，提供了硬體設備及通訊基礎。

得力於這樣的狀況，AWS 占亞馬遜銷售額的 13%、占營業利潤的 66%。銷售額 13% 的比例，看起來並不高，但重點是營業利潤比例。除了 AWS 之外，亞馬遜其他事業領域的銷售額為 87%、營業利潤的貢獻度為 34%，而 AWS 領域以 13% 的銷售額比例創造出整體營業利潤的 66%，AWS 的銷售額與營業利潤比是亞馬遜其他事業的 13 倍。可以說支撐亞馬遜獲利的核心就是 AWS。

當然，雲端服務市場並不只有亞馬遜。按照 2019 年全球雲端服務市場的占有率排名，依次為亞馬遜 32.7%、微軟 14.2%、Google 4.2%、阿里巴巴 4.1%，單亞馬遜一家公司就占了世界各大企業使用的雲端服務裡的 1/3。元宇宙要存在就必須有伺服器、儲存裝置和網路。從現實世界的角度來看，這些要素便相當於道路、電力、水力、通訊等社會基礎建設。

往後將誕生的各種元宇宙也會大幅仰賴 AWS，因此亞馬遜等於是把 1/3 的元宇宙社會基礎建設握在手裡。亞馬遜為了提供 AWS 的服務，以 2019 年為準公司共擁有超過 130 萬台的伺服器，並由世界各地共 24 個地區的數據中心運營。規模蔚為壯觀。

接下來我們也來看亞馬遜以外幾家與元宇宙同步發展的企業。第一，微軟。微軟的 Windows OS、家用遊戲機

Xbox、平板電腦、HoloLens*等元宇宙的連接裝置，用途會越來越廣泛，LinkedIn（先前稍微提到的 LinkedIn 在 2016 年被微軟以 260 億美元收購）將成為生活日誌化世界、《當個創世神》也將成為鏡像世界擴張的重要平台。

第二，我們也需要關注 Facebook。目前 Facebook 以提供智慧型手機及電腦的社群媒體服務為主，不過也逐漸將領域擴展至元宇宙。2014 年，Facebook 以 20 億美元收購了虛擬實境裝置業者「Oculus VR」。2018 年，Facebook 啟用了 Oculus Rooms 平台。戴上 Oculus 的虛擬實境裝置就能進入虛擬世界，用自己喜歡的傢俱和小東西裝飾房間、邀請朋友們一起玩桌遊、或觀看 180 英寸的大型電視。

2020 年 9 月，Facebook 在一年一度的「Facebook Connect」上表示將計劃投資更多在擴增實境、虛擬實境領域。同時 Facebook 發布了虛擬實境裝置「Oculus Quest 2」，重量比前一代輕了 10%，像素提高約 50%，價格也定為 299 美元，降了 100 美元。

在 Facebook Connect 上執行長祖克柏（Mark Zuckerberg）提到，新冠疫情以來，會議、遊戲等方面的虛擬實境技術被

---

*微軟開發的混合實境頭戴設備。

廣泛運用，Facebook 也將強化這類型的服務。

這次發布會還公開了名為「Infinite Office」的未來辦公室概念。使用者只要佩戴 Oculus Quest 2，眼前即可看到一間有超大螢幕的辦公室。辦公室的大小可由使用者隨意設定。由於新冠疫情後在家工作成為工作常態，因此 Facebook 擬定戰略，計劃將企業的辦公室搬到虛擬世界裡。

另外，Facebook 還提到與雷朋太陽眼鏡（Ray-Ban）製造商合作推出智慧眼鏡的計劃，主張就像現在大家人手一支智慧型手機一樣，隨身配備個人智慧型眼鏡的世界即將來臨。Facebook 為了完成這些服務，便在公司內部設立了一個名為「Facebook Reality Labs」的研究所。

考量到 Facebook 擁有龐大的顧客基本盤（以 2019 年為準，每天用戶高達 15 億 2 千萬人）、不斷累積的生活日誌化、Oculus、創辦人祖克柏的勇於挑戰等，我們可以預期的是，Facebook 不會止步於目前以智慧型手機和文字訊息為主的社群媒體，而是會逐步打造出以擴增實境世界和虛擬世界為主的嶄新元宇宙。

第三是 Google。雖然 Google 在 2014 年推出 Google 眼鏡後以失敗收場，但 Google 仍然不斷嘗試透過 Google 助理（Google Assistant）、Nest 智慧音箱、Fitbit 智慧型手錶等連

結我們的日常生活、家庭環境與 Google 生態系。尤其是像前面所說的，鏡像世界元宇宙的核心資源之一就是以最精密的方式複製現實世界的地圖資訊。最常提供各國企業、公家機關經營鏡像世界元宇宙時所要使用的地圖資訊的，就是 Google。Google 不只提供地圖資訊，同時也會詳細地觀察並記錄各個鏡像世界中發生了什麼事情。Google 提供地圖、各大企業和公家機關用這地圖打造出鏡像世界，Google 也透過地圖重新獲取無數生活在鏡像世界之人的活動資訊。

第四是遊戲企業。在元宇宙中，特別是想在擴增實境世界和虛擬世界裡具體呈現出逼真的視覺感受時，遊戲公司擁有的視覺化技術尤為重要。我們要關注的就是遊戲 3D 圖形引擎市場上的絕對強者，Unity Technologies（Unity 遊戲引擎）和 Epic Games（Unreal 遊戲引擎）。

尤其 Epic Games 這家企業還擁有前面介紹過的《要塞英雄》。中國企業騰訊的動向也非常值得關注。若以銷售額排名來看，騰訊是位居世界首位的遊戲公司。他們坐擁龐大的資金基礎，大量收購並持有 Epic Games、超級細胞（Supercell）、暴雪、育碧（ubisoft）、銳玩遊戲（Riot Games）等世界知名遊戲公司的股份。隨著元宇宙的成長及遊戲企業扮演角色的增加，未來騰訊在元宇宙的地位將更加穩固。

一無所有或無一不缺的人：
元宇宙的財產真屬於你嗎？

　　大多數的元宇宙都是以數位環境來體現並經營的。也因此我們會在元宇宙中生成無數的資訊，所擁有的物品等等都會以數位資料（digital data）的形式記錄下來。那麼，這些數據歸誰所有呢？雖然元宇宙是由特定企業所有，但在其中活動的我、和我自己創造出來的數據，真的屬於我嗎？若先從結論來看，除了一些特殊情況之外，大部分在元宇宙裡生成的數據都不是我們的。

　　我們先從生活日誌化的社群媒體元宇宙來觀察。雖然很難精準統計，但據資料顯示，世界上約有 1/3 的人口都正使用一種以上的社群媒體。人們會透過發布在社群媒體上的文字和照片傳達自己的日常生活和想法。我們所發布的文章和照片，在上傳到社群媒體的瞬間便屬於經營平台的那家公司

所有。

　　各位覺得奇怪嗎？大家會心想：這明明是我們上傳的文章和照片啊！大多數的社群媒體平台在申請註冊時，同意條款中便將這些所有權轉到平台業者手上，包含使用者上傳的文章及照片的使用、再使用、許可權限等等。雖然我們可以刪除或變更自己上傳的文章和照片，但我們的權利也僅此而已。即使我們刪除了文章和照片，平台業者的所有權仍然不會消失。甚至在我們刪除帳號之前，平台業者依然持有我們上傳的文章和照片。那我們死了之後會如何？即使如此情況也不會有什麼改變。許多國家允許死者的家屬可以登入死者帳號，因此死者家屬可以刪除死者留下的內容，然而平台業者備份、或已經與其他人共享的數據則很難全部刪除。

　　讓我們藉由遊戲來了解虛擬世界元宇宙的所有權問題。在遊戲中，玩家會擁有裝備，並讓自己的角色不斷成長。那麼我們在遊戲裡擁有的刀、槍、盔甲、首飾等裝備是歸誰所有呢？根據現行法律規定，我們遊戲裝備的法定所有權歸遊戲公司所有，不在我們手上。更確切地說，遊戲公司也不能擁有那項裝備。後面內容會再詳細說明，因為遊戲裝備並非財產，所以遊戲公司只是擁有該裝備的著作權罷了。而遊戲玩家僅僅是支付費用購買了該裝備的使用權。遊戲公司在玩

家申請註冊時會提供一篇長而又長的條款，裡面明確地針對這部分進行了規範。

　　舉例來說，某遊戲公司在條款中規定：「根據公司對用戶規範之服務相關條例，會員僅擁有遊戲、角色、遊戲裝備、遊戲貨幣、網路積分等的使用權，會員不得有償轉讓、售賣、提供擔保等處置行為。」畢竟我們在遊戲中所擁有的裝備，從法律角度來看並不承認那是個人私有財產。遊戲中的裝備基本上不被認定為財產，因此也無法保障所有權本身。由於不是財產，所以即使遇到遊戲裝備相關的問題，像竊盜罪、損壞罪、貪汙罪等罪名是完全無法成立的。不過，假如有人偷偷登錄其他遊戲使用者帳號，將裝備轉移到自己的帳號上，便會構成詐欺罪。雖然裝備並非財產，但法律上仍然承認其財產利益。

　　萬一法律承認個人對遊戲裝備的所有權，就會出現各種複雜的問題。第一，遊戲公司升級現有裝備或推出新裝備時，會影響個人所有裝備的價值，因此遊戲公司必須事先徵得個人同意。第二，遊戲服務無法終止。因為當服務終止的瞬間，個人便無法使用本身握有所有權的裝備。若遊戲公司要終止服務，就必須支付費用買下所有個人持有的裝備。

　　新聞報導經常提到有人以金錢買賣遊戲裝備，接著我們

來了解這部分。韓國遊戲公司禁止用現金買賣在遊戲中個人擁有的裝備。

　　不過，國家並沒有法律禁止這樣的行為，即使被舉發也不會受到法律處分，而是會根據遊戲公司的規定給予像凍結帳號一段時間之類的輕微處分。雖然遊戲公司禁止遊戲裝備現金交易，但據推測，每年韓國國內交易遊戲裝備的市場規模至少在 12 億美元以上。另一方面，遊戲公司即使在條款上明文禁止遊戲裝備的現金交易，可是當遊戲裝備的交易越活躍，遊戲玩家也會隨之增加，所以就算知道有這樣的狀況也會放任不管。反正這些遊戲裝備都是遊戲公司的所有物，遊戲公司沒有必要刻意出面阻止使用者相互買賣。

　　就像這些遊戲中的所有權，在其他虛擬世界元宇宙的狀況也頗為類似。雖然出現了如同前面介紹過的《Upland》用區塊鏈保障使用者所有權的案例，但目前這種情況仍不普及。《Upland》利用區塊鏈管理使用者擁有的資產（土地證書）和 UPX（《Upland》的虛擬貨幣），並保障使用者的所有權，不過這樣的嘗試是否能在元宇宙中普及還有待觀察。

7-6

元宇宙中的飢餓遊戲：
攔截者與闖關者的鬥爭

　　元宇宙本身就自成一個世界。與現實世界的法則相似，每個元宇宙裡都有世界必須遵守的規則。現實世界有不守法的人，同樣地在元宇宙裡也有違法之徒。接下來就來談談關於他們的故事。

　　大多數元宇宙能對使用者施加的最重懲罰就是將使用者的帳戶永久停權（Ban）。Ban 這個單字有禁止的意思，在元宇宙中刪除使用者帳號、使其永遠無法返回的處罰就稱為Ban。例如，當使用者在生活日誌化世界的社群媒體上發布色情內容、在鏡像世界的飲食外送平台留下大量造假評論、在虛擬世界的遊戲中使用自動化程式……等製造出各種問題時，帳號就會被停權。

　　以使用者的個人立場而言，停權相當於是被元宇宙永久

驅逐、並宣告死亡。但是這跟在現實世界中犯下重罪而被判處死刑的情況，在某些面向上又不盡相同。假如不是用身份證字號申請註冊的元宇宙，註冊時一般都會透過電子郵件或電話號碼等資料來確認身份，在這樣的元宇宙中即使被停權，也還是可以用其他資料重新註冊。當然無法和原本使用的帳號連動，不過仍然可以在這個元宇宙中以新的身分生活。也由於創造新身分十分容易，因此不少使用者對於違反元宇宙規則的犯罪行為相當不以為意。就算被停權，只要重新建立帳號又可以繼續犯罪了。為了防止這種情況發生，遊戲公司可能會追蹤被停權玩家所使用的硬體資料，攔截該硬體使其無法連接到元宇宙。例如，一旦確認有電腦使用自動化程式、或有特定智慧型手機會傳送色情訊息，就算使用其他帳號也會讓該電腦或智慧型手機連不上元宇宙。這個方法看似強烈有效，然而若實際執行這種方法，對在不知情的狀況下二手購入那些電腦或智慧型手機的人反而會造成損害。

假如在元宇宙中所做的行為違反了現實世界的法律，便可以根據現實世界法律進行懲處。先前提到上傳色情內容到社群媒體上的情況就屬於這類。但若是在遊戲中使用自動化程式，就無法根據現實世界的法律給予懲處。

雖然這種行為嚴重擾亂了元宇宙世界的經濟秩序，現行

法律卻沒有禁止玩家在元宇宙內使用自動化程式獲得數位裝備的行為。最終還是只能仰賴元宇宙內部的規則來規範。當元宇宙制定規則禁止什麼時，不肖份子就會狡猾地找出鑽漏洞的方法避開那規定。如此一來很多使用者都會遭受損失，向經營元宇宙的公司舉報並提出抗議。元宇宙的經營者只能透過修改規則，暫時阻止不肖份子的行為。可是當這些不肖份子掌握修訂規則的盲點後，就會再次引發問題。攔截者和闖關者之間的鬥爭永無停息之日，這和現實世界一樣。

不能單靠元宇宙營運業者的規範、條約成為元宇宙世界的法律、維持元宇宙的秩序。使用者們必須尊重該元宇宙的世界觀，努力與其他使用者共存。

有的鏡像世界會將現實世界中的各種商店搬進來。萬一有人在鏡像世界的商店裡散播假消息、發表假評論的話，那鏡像世界還能健全發展嗎？不需要詳讀那元宇宙的規則和條款，我們也都能知道這些行為是否會造成問題。

《烏爾納姆法典（*Ur-Nammu*）》是現存歷史最悠久的法典。這是人類最早的一部成文法典，據推測大約於西元前2100 到 2050 年左右編纂。在沒有法典的時代，人類會毫無秩序地彼此撕咬嗎？《烏爾納姆法典》由 27 條條文組成、非常簡短，那麼假如有人犯的罪行不在這 27 條條款中，他

就不會有事嗎？

　　我想應該不是這樣。隨著文化、經濟、社會系統等的發展會出現越來越多的法律，內容也會更加複雜。元宇宙也是如此。元宇宙出現的型態相當多元，難以界定在同一種類裡，其面貌也正時時刻刻地改變著。因此，我們很難提前預測到元宇宙將會出現的問題，並用特定規則、條款來完美解決這些問題。為了讓元宇宙能穩定成長，需要持續維護規則、條款等那世界的法律，但更重要的是我們自己要能制訂秩序並遵守承諾，才能更完整地守護那世界。這是實現了成熟文明的我們所打造出來的元宇宙。要是元宇宙內的道德文明僅僅處於原始時代的水準，那麼我們在現實世界裡的文明原貌，是否也沒什麼特別的呢？

７－７

在元宇宙裡可以肆無忌憚嗎？
NPC、人工智慧擁有人權嗎？

　　本章我們要來聊聊美劇《西方極樂園（West World）》。這篇內文裡包含了一些劇透。雖然不至於影響到各位觀看時的趣味，但是不喜歡劇透的朋友們，請先收看電視劇後再來讀這篇文章吧！《西方極樂園》這齣電視劇是 HBO 在 2016 年第四季播出的作品，一共分為 10 集。改編自麥可‧克萊頓（Michael Cryton）在 1973 年導演、編劇的同名科幻電影。

　　這是我看過最棒的美劇。故事發生在很難精準劃分時期的未來時代。空間背景是以西部時代為主的一座主題公園（遊樂園）。主題公園裡生活著具高度發展人工智慧的人形機器人（外型相似於人類模樣的機器人）。可以說人形機器人是西部時代主題公園的 NPC。這裡有個非常獨特的設定，人形機器人們都認為自己是人。也就是說，他們不知道自己是

機器人，只以為自己是生活在西部拓荒時代。主題公園的遊客們會向主題公園支付鉅額資金，享受西部時代的冒險。看起來一天就要價不斐。遊客可以享受西部電影中會登場的各種活動，像是和其他部落戰鬥、賭博、逮捕惡棍等等，還能體驗尋找隱藏金櫃的刺激冒險樂趣。遊客們會在遼闊的主題公園內度過日常生活，就像真正的西部拓荒時代人物，並可以順其自然地加入西部拓荒時代的冒險活動。雖然對於遊客來說，享受這些事情就像是進行遊戲任務，然而卻與我們玩的遊戲大不相同。這些任務並不會像我們所熟悉的大部分遊戲一樣跳出任務視窗，或顯示出體力值的欄位。例如，遊客在酒吧裡喝著一杯啤酒，坐在旁邊的一個獨眼男子悄悄地提到金櫃的事。如果遊客感興趣可以選擇與他繼續對話，並一起出發尋找金櫃、開始冒險旅程。

遊客們在進行這些活動的過程中，許多 NPC 被槍殺或嚴重毀壞。夜晚當所有 NPC 都入睡後，位於主題公園的一間巨大研究所就會對死亡或損壞的 NPC 進行修理。

這些維修過的 NPC 們會被重新移植記憶，再次放入主題公園裡。沒有受傷的 NPC 們記憶也會被重置，不斷循環迎接新到訪的遊客。

我看了這部電視劇後，有一部分讓我留下很深的心理陰

影。其中一項男性遊客非常喜歡的活動裡出現了很殘忍、讓人毛骨悚然的內容。劇裡間接描述了遊客們強暴以農場主人女兒身分登場的年輕女性 NPC，主題公園每次都會重置這位女 NPC 的記憶，讓她反覆不斷地遭遇這樣的事情。我對於這樣的設定感到噁心。但那瞬間感受到的噁心，讓我想起以前也有過類似的經歷。在玩《俠盜獵車手》（Grand Theft Auto V）（Rockstar Games 遊戲公司開發的一個有汽車竊盜犯、犯罪分子登場的元宇宙）遊戲中途出現了對一名男性嚴刑逼供的任務，過程描述得非常真實。

我感到不適、噁心，沒辦法順利完成任務就結束了，而我從《西方極樂園》傳達的內容中感受到了更為強烈的噁心感。人類和動物有所區別的標準是什麼？標準有很多，但我認為「對自己的行為負責」是讓人類成為與動物不同存在的關鍵。我對《西方極樂園》感到噁心的原因是由於這座主題公園內，人們什麼責任都不用承擔，還可以隨心所欲想做什麼就做什麼，這樣的人令我作嘔。

以網路遊戲形式呈現的虛擬世界元宇宙中，人們會做出偷車、拔槍壓制 NPC 等暴力手段。這些影像會藉由螢幕的 2D 影像或 VR 眼鏡將立體影像傳達給我們。然而，萬一NPC 是像電視劇《西方極樂園》那樣實質被創造出來的人形

機器人會如何呢？這樣我們還能毫無顧忌地對這些 NPC 使用暴力嗎？

這麼做能被允許嗎？回過頭來看，不能對人型機器人做的這些舉動，就可以對透過 2D、3D 影像出現的 NPC 下手嗎？虛擬世界元宇宙越精密、越真實，我們越需要思考其中包含了什麼樣的世界觀、以及會有哪些相互作用。這是建立元宇宙的人與生活在那世界所有人的共同課題。因為稍有不慎，人們就會在享受新的探險、溝通、成就等美名的空間之下，什麼都不負責任，在進化的路上不斷倒退，最終退化為動物生活的世界。

7-8

追求更多元的相遇：
我們不問年齡、性別、名字

　　我很喜歡的遊戲之一就是《部落衝突（Clash Of Clans）》。這款遊戲是由芬蘭遊戲公司超級細胞所開發，由 15 到 30 名左右的玩家組成部落（遊戲中的團隊），展開跨部落的戰爭。在戰爭中獲勝的部落可以獲得很多裝備，玩家可以運用這些裝備發展自己的村莊。即使不參加部落之戰，個人玩家之間也可以一邊打仗一邊發展村莊，但正如遊戲名稱《部落衝突》所呈現的那樣，這遊戲最大的亮點就是部落之戰。每個部落都有玩家擔任部落首領，部落首領需要仔細規劃、勉勵部落裡的成員們積極參與部落事務。

　　我以成員身分參加的部落共有 50 名玩家。

　　我們每個禮拜都會與其他部落展開一兩次戰爭。戰爭期間，有些人會表明要參加已經預定好的戰爭，可是一旦真的

發生戰爭，他們就會不戰而逃、人間蒸發。30 人對 30 人的戰鬥，少了幾個人當然對我們的局勢很不利。還有一些成員會不按事先講好的戰略發動攻勢，毫無道理地隨意攻擊、只為了提高個人分數。每次只要有戰爭都會發生這種情況，戰爭一結束部落的聊天頻道就會跳出訊息責怪或要求踢除某些特定成員。在我參加的部落中擔任部落首領的玩家，是一位暱稱叫做「Bishop（主教）」的人。每當戰爭結束後，聊天頻道裡冒出各式各樣粗魯不堪的言語時，部落首領 Bishop 就會出面，努力讓大家冷靜下來。給那些不遵守約定的成員們一個解釋和道歉的機會，也安慰憤怒的成員。

　　某天，一位在國外公司工作的成員暫時回到韓國，他在聊天頻道留言提出意見，想和其他部落成員實體見面。

　　另一位成員說自己是餐廳主廚，想邀請大家到他工作的餐廳吃飯。連一次都沒有見過其他部落成員的我，也有了想參加實體聚會的念頭。其他成員們也紛紛在聊天頻道裡留言說想聚一聚。但是部落首領 Bishop 說，他自己很難在部落成員約好要相聚的時候抽空現身。因為那時剛好是考試期間，所以抽不出時間。有成員留言問：「你是老師吧？你在哪所學校任教？」部落首領 Bishop 說：「不是，我是國中生。因為現在是學校考試期間，我父母應該不會允許我參加聚會。」

瞬間我的腦海一片空白，我還以為 Bishop 是我這個年齡層的男性。當下部落聊天頻道立刻變得安靜，其他成員好像也受到和我差不多的衝擊。結果討論就這樣不了了之，實體聚會也沒有約成。

我想了一想，我們在聊到實體聚會之前，從來沒有問過對方的性別、年齡、職業、居住地。儘管如此，我們幾十個人仍然可以團結在一起，在好幾個月的時間裡很有默契地一起進行了部落戰爭。

根據 2020 年春天在大數據期刊上發表的研究顯示，某家通訊公司擁有的 18000 名客戶的通訊紀錄（簡訊、語音通話等相關資料）、繳費紀錄等，是否符合使用者的性別、年齡。從大數據分析的結果來看，符合使用者性別的比例為 85.6%，符合使用者年齡的比例則為 65.5%。

2020 年春天，在波蘭舉行的學術大會上發表了一項研究，試圖透過電腦演算法分析使用者在網路上收發的文件內容，了解使用者的性別和年齡。他們以數百人為對象進行實驗的結果顯示，計算年齡層（不是統計精準年齡，而是一定年齡區間之內的比例）的準確率為 83.2%，性別為 82.8%。各位覺得這樣的準確率看起來很高？大家在現實世界裡遇到某個人時，能準確猜出對方的性別和年齡層嗎？相信比起前面

研究顯示的 60-80%，準確率會來得更高。我們僅憑視覺資訊就可以大致判斷出來，如果再加上對話便能夠更深入地預測。在元宇宙中，我們單純透過對方的行動、字裡行間傳達的感覺，很難比現實世界更精準地推測到對方的個人資訊。試想曾在第三部中提到的多重角色吧！不僅是我，對方在元宇宙中也都會展現出跟現實世界的自己不同的面貌。視覺資訊會被圖片或網路上的虛擬化身所取代，因此，我們不應過於盲目地相信對方的個人資料訊息。

那麼我們要在元宇宙上直接詢問對方的年齡和性別嗎？作為元宇宙主力的 Z 世代，在元宇宙裡都不會問彼此的身家資料，這就是這世界的文化。這種文化也體現在 Z 世代使用的詞彙中。Z 世代的詞彙中「Whoriend（후렌드）」一詞，有「Who（和誰）＋ Friend（交朋友）」的含義。不僅在元宇宙，他們在現實世界中交朋友的時候也不太在意對方的年齡、性別、國籍等等。

相較於韓國來說，西方文化圈一直以來在結交朋友這方面，年齡差距都不是太大的問題；而韓國國內以 Z 世代為中心，也逐漸打破對年齡差距的認知。另外還有「追多相」這個略縮語，代表著追求更多元的相遇。Z 世代對年齡、性別、國籍等沒什麼既定觀念，也樂於與各式各樣的人見面，他們

認為認識到新的人就是一次成長的機會。要是你在元宇宙遇到某個人，希望你不要太在意對方的年齡和性別。無論年齡和性別，只要你覺得能和他聊得來，這就夠了。

如果你還是認為只有了解對方的身家背景才能親近對方，不妨稍微看一下我接下來要介紹的簡短案例。有一個名叫《星戰前夜（EVE Online）》的元宇宙。遊戲以浩瀚無垠的宇宙為背景，玩家要在遊戲中開採資源、擴大經濟規模，或是運用宇宙戰艦與對方陣營進行戰爭。

一位《星戰前夜》的玩家 Chappy78 在 2020 年 6 月被確診為胰腺癌末期。即將迎來生日的他，想到這也許是他人生最後一次的生日，便希望能用特別的方式紀念。他想在自己平常最喜歡的《星戰前夜》線上遊戲中來一場規模浩大的戰鬥，於是他把自己的想法上傳到了《星戰前夜》線上論壇。到了生日當天，許許多多看到訊息的玩家全都聚集到了他講的地點。擁有優良裝備的玩家們為了讓他最後能看見一場萬分精彩的戰鬥，不惜投入超高級裝備，戰鬥場面就像煙火表演一樣絢爛。突然蜂擁而至的玩家們也讓元宇宙發生超載現象，開發團隊也投入其中協助解決問題。當天的戰爭創下《星戰前夜》元宇宙最大規模的戰爭紀錄，聊天頻道裡也滿滿都是祝他生日快樂的訊息。參與這場戰爭的玩家們也發起募款

活動贊助了 Chappy78。所有人在現實世界中從未碰過面，也不在意彼此的年齡、性別等等，而這一切都是他們為了生活在同一個元宇宙上的彼此所做的事情。認為彼此的個人資料才能讓彼此變得緊密相連，這種現實世界的既定觀念在元宇宙裡不太行得通。

荷蘭的組織人類學家霍夫斯坦德（Hofstede）創造了權力距離指數（PDI, Power Distance Index）的概念。簡單來說，就是指下屬職員反駁上司意見時所感受到的心理抵抗強度及負擔程度。也就是說，我們很難輕鬆地對權力距離指數較高的上司、老師或年長者說些什麼。

有調查研究各國的權力距離指數，結果顯示韓國的權力距離指數為 60 分，在 OECD（經濟合作暨發展組織，Organisation for Economic Cooperation and Development）國家中位居第四。身為韓國人很難向上司、老師或年長者提出自己的意見。元宇宙在降低權力距離指數方面，能帶來很大的幫助。希望各位也都能在元宇宙上儘量與不同的人成為朋友，藉此擴大我們溝通的格局範圍。

7-9

善意帶來更多善意
vs. 爆發的攻擊性

　　人們在元宇宙裡的行動會比在現實世界更具攻擊性嗎？我想跟各位探討這個問題。有人說，自己在現實世界和元宇宙裡攻擊並折磨別人的時候，並不知道對方會感到痛苦。相信這種人不是說謊就是不正常，所以才無法同理對方的痛苦。大腦裡的情緒中樞邊緣系統（limbic system），與之前說明的鏡像神經元相連，能讓我們對別人的情緒產生共鳴。當別人表現出高興或痛苦的樣子時，我們即使沒有親身經歷過，也能藉由鏡像神經元和邊緣系統來感受那種感情。當然，我們無法精準感受到對方情緒的微妙差異和深刻程度，然而我們並不會看到對方高興的樣子而覺得他痛苦、或是反過來看到對方痛苦的樣子而覺得他高興。大部分的情況下，我們了解對方痛苦的時候也會感受到痛苦。

首先，我們來看現實世界和元宇宙同樣適用的部分。第一，當人折磨另一個人時會覺得自己是更卓越的存在，所以會透過折磨自卑的人來獲得優越感。第二，在集體折磨某個人的情況下，會從施加折磨的團體中感受到歸屬感及同伴意識。第三，如同狩獵般折磨被欺負的對象時，從中感受到戰慄的快感。總之，誤以為自己更加優越的人會聚在一起，享受獵捕某人的刺激感。

接著我們來看元宇宙獨有的特殊現象。第一，正如之前所說的，我們在元宇宙裡和彼此溝通時，經常都是在不知道對方個人資料的情況下進行。這樣一來，人們對於自己所犯下的錯誤就會因為隱藏在暱稱背後而相對覺得要負的責任也比較小。第二，在元宇宙中只會使用現實世界感官的一部分來進行溝通。即使是透過同樣的感官，所接收的資訊也會遠低於現實世界。就算用再清晰、再大的螢幕進行視訊通話，也沒辦法像對方的人在我們眼前時那樣細膩地讀懂對方的表情。當我們無法使用部分感官、所獲得的資訊也很有限時，真實感和同理對方的能力就會一併下滑。第三，站在折磨別人的立場上時，感受到的恐懼感會比較小。現實世界裡想要折磨某人、或對他進行物理攻擊的話，發動攻擊的當事人也會害怕對方的反擊或懲罰。

在這種情況下，大腦的杏仁核（amygdala）會分泌腎上腺素（adrenaline），通知身體處於危險狀態。在現實世界裡，無論是受到攻擊的人、或是發動攻擊的人都會分泌大量腎上腺素，並產生恐懼感。然而在元宇宙攻擊對方的人，會同時認知自己是安全的，因為是在距離對方很遙遠的位置上、匿名發動攻擊，所以大腦的額葉皮質會釋放出：「我很安全」的訊息。那瞬間攻擊者感受到的恐懼，在認知上就會轉換為一種樂趣。於是我們就會開始疑惑：「人們在元宇宙裡的行動會比在現實世界更具攻擊性嗎？」責任感和同理能力會因為匿名而下降、恐懼感也會因為匿名而減弱，這樣的環境就是造成人們在元宇宙裡比現實世界更具攻擊性的要素。

那麼我們該怎麼做呢？第一，在元宇宙中可以提供匿名的功能，但同一時間系統方也要讓使用者承擔他們相對的責任。第二，我們所有人都應該同理被攻擊者的情緒，並且一起向攻擊方傳達這樣的情緒。這種情緒的共鳴有助於保護受攻擊者，同時也能幫助喚醒攻擊者變得遲鈍的同理能力。第三，應該在元宇宙內提供其他方法消除使用者們被壓抑的欲望，像是社會認同，或是不對其他別人造成傷害的方法。

我擔心對元宇宙沒有什麼使用經驗的人，讀到這個章節時可能會把元宇宙當成一個野蠻之地。

接下來會提到跟野蠻、攻擊相反的三個案例。第一個案例是《寶可夢 GO》。《寶可夢 GO》遊戲中有一項名為「奇蹟交換」的規則，讓訓練家們可以交換彼此擁有的寶可夢。只要選擇了自己想拿出來交換的寶可夢，便可以隨機交換其他人的寶可夢。由於是隨機的交換方式，所以大部分的人都會把這項功能拿來處理用不到的寶可夢。一位《寶可夢 GO》訓練家提議可以在聖誕節舉辦活動，孵化出優質的寶可夢送給新手訓練家。很多頂級訓練家都樂於參與這項活動。他們提早為新手訓練家孵化了許多高級寶可夢，在活動開始時十分大方地送上了禮物。而且這項活動每年聖誕節都會進行。雖然不知道會有哪些人參加，但一想到他們開心的樣子，自己也覺得很幸福。

第二個案例是在《永恆紀元（AION）》元宇宙中觀察到的現象。《永恆紀元》的玩家從低階練到高階需要經歷一段成長期間，在這段過程中，需要付出很長的時間、不少的費用及努力。高麗大學的金輝江（김휘강）教授帶領研究團隊在《永恆紀元》中觀察高階玩家是否會幫助低階玩家，後續也觀察得到幫助的低階玩家成為高階玩家之後會採取什麼行動，結果發現了一個非常神奇的現象。當自己還是低階玩家時曾被高階玩家幫助的人當中，有 80% 在自己練到高階後會

積極幫助其他低階玩家。

　　從高階玩家那裡得到幫助後，並沒有任何條約表示往後該玩家也一定要幫助低階玩家，為什麼 80% 的人會選擇這麼做呢？可以說他們的舉動在元宇宙上形成了一個善意帶來更多善意的正向循環。

　　最後一個案例是發生在《天堂 2》遊戲元宇宙裡的故事。當使用者過多時，經營元宇宙的公司便會同時透過多個伺服器來運行同一個元宇宙，藉此分散使用者。《天堂 2》一個伺服器的名字是「巴茨」。遊戲裡有一個名叫公會（gild）的使用者聚會，可以看作玩家為了一起享受遊戲而聚集的團體。一個伺服器會有好幾個公會，《天堂 2》巴茨伺服器有一個叫「龍騎士（DK, Dragon Knight）血盟」的公會。他們高壓控制了巴茨伺服器，在那裡生活的人都要繳稅給他們，稅率從 10% 提高到 15%。而領地出現的經濟收益都會由占據該領地的公會所有，在這樣的遊戲結構下，如此邊增的稅率造成巴茨伺服器其他玩家的龐大負擔。

　　結果從 2004 年開始，控制巴茨伺服器的龍騎士血盟和對抗他們的巴茨聯軍之間，爆發了長達四年的戰爭。總計共有 20 萬人參與了這場戰爭，最終由巴茨聯軍贏得了勝利。

　　最特別的一點是，這場戰爭中不只有巴茨伺服器的玩

家，連其他伺服器上的玩家也都來到巴茨伺服器，共同抵抗龍騎士血盟的壓迫。又不是我的伺服器，為什麼我一定要站出來抵制別人伺服器上出現的壓迫惡行呢？元宇宙中善與惡、和平與紛爭、分享與壟斷都是共存的，這點和現實世界一樣。而且，決定這兩個世界共存比例的責任和權限同樣都在我們手上。

結語

莊周夢蝶與《駭客任務》

　　各位還記得《莊子・齊物論》中出現的莊周夢蝶嗎？這是我們在學生時代的教科書上曾經看到的內容。在學校裡學到的莊周夢蝶，「蝴蝶之夢」意味著人生的無常，但不同學者對於莊周夢蝶的解釋也截然不同。莊周在夢裡變成了蝴蝶翩翩飛舞、忘了自己是莊周。然而從夢中醒來的莊周卻一直珍藏著化為蝴蝶飛舞在這世界上的記憶。甚至疑惑，是不是我本來就是隻蝴蝶，而做了一場化為莊周這人的夢呢？莊周會化為蝴蝶，蝴蝶也可能會化為莊周。夢中的蝴蝶在莊周的潛意識中飛翔，現實中的莊周則珍藏著蝴蝶的記憶度日。兩者看似毫無關聯的存在，卻連結成為了一體。莊周是現實的存在，因此有其意義；而蝴蝶是夢中的存在，並非不具意義。現實中的自己和元宇宙的自己連結在一起。無論是現實中的我之於元宇宙的我、還是元宇宙的我之於現實的我，都是一個對彼此帶來影響的存在。從現實延伸出去的元宇宙也可能

是我化為蝴蝶飛翔的另一片天空。

出乎意料的是，有些人用比莊周夢蝶更為科學的方式，對這個現實世界提出了質疑。作家暨未來學家的雷‧庫茲威爾（Ray Kurzweil）說，我們整個宇宙有可能是其他宇宙的國中生所進行的一項科學實驗。

麻省理工學院的宇宙學家阿蘭‧古斯（Alan Guth）表示，雖然我們的宇宙是實際存在的，但有可能就像是生物學家們為了進行微生物實驗而繁殖的群體一樣，我們的世界是被超智慧存在創造出來的實驗室。伊隆‧馬斯克還主張，我們整個宇宙是裝載在一台巨大電腦裡的模擬狀況。這與電影《駭客任務》的世界觀非常相似。假如他們的主張屬實、假如現實世界是某人創造出來的元宇宙，那麼現實中我們的人生意義會有所不同嗎？我們應該活得和現在不一樣嗎？即使如此，我們還是要像一直以來在這世界上所做的一樣，持續挑戰並分享成就。無論我們所生活的現實世界是不是由某個人創造出來的元宇宙，這對我們來說似乎都沒有太大的意義。因為我們思考、選擇及行動的每個當下都極為珍貴。在元宇宙裡的生活也是如此。

元宇宙使用方法及注意事項

　　有人將元宇宙當作新的工作平台、有人將元宇宙當作新的遊樂場，也有人將元宇宙當作遠離現實的一個方法。若有無法控制的煩惱、不幸壓抑著你，你在元宇宙中暫時忘記並轉換心情也是不錯的。然而不能讓元宇宙成為我們完全遺忘現實的手段。無論我們在元宇宙中的人生多麼輝煌燦爛，都是因為有現實，元宇宙才存在的。萬一為了逃避我們所面臨的問題、我們該承擔的責任而滯留在元宇宙，元宇宙將毀滅我們現實的生活。

　　元宇宙應該是拓展人類生活的領域，而非成為某人的避難所、收容所。如果你夢想打造一個元宇宙，希望你多思考一下你的目的是什麼，還有你希望你的元宇宙如何拓展我們的生活。倘若你是元宇宙的使用者，希望你回顧一下停留在這世界的原因是什麼，還有這世界是如何拓展你的生活的。

　　無論再怎麼努力在元宇宙中放入多麼深刻的世界觀、多少人、多少的互動，都有元宇宙無法承載的現實價值。承載不下什麼呢？各位腦中可能浮現了很多東西，但其中一個是我們很難把人生的開始和結束──誕生和死亡承載到元宇宙裡。元宇宙是出、入都相對輕鬆的世界。我們人因一次的出

生而開始、因一次的死亡而結束，這份人生的重量是元宇宙所無法承擔的。雖然我對元宇宙使用的可能性給予很高的評價，但仍然希望元宇宙不要取代我們的生活。

網際網路、智慧型手機，然後是元宇宙？

有些人試圖把在科幻電影中看到過的東西放到現實中，他們想將電子晶片和電路移植到人體內，提升身體原有的天賦成為超人類。31 歲的英國人溫特・馬茲（Winter Mraz）將多個電子晶片移植到了身體上。他一手植入 RFID 晶片取代鑰匙的功能，另一隻手植入 NFC 晶片，可以儲存名片、健康資料等等。

也有人嘗試將智慧型手機的鏡頭、液晶螢幕的功能移植到身體上。像是製造人工眼球，比肉眼看得更遠、更精準，可以在現實世界的景象上疊加顯示輔助資料，還能記錄我所看到的每個瞬間，或藉由通訊網路傳送給其他人。雖然目前尚未發展到這種程度，但澳洲的仿生視覺技術公司（Bionic Vision Technologies）開發出新的技術，在眼球後方植入晶片，並將它連結到像眼鏡一樣作用的鏡頭，鏡頭拍攝的影像會再透過晶片傳達給視神經。這些超人類技術若要取代我們隨時

不離手的智慧型手機，預計還需要很長一段時間。最少 10
到 15 年以上。

　　如果仔細觀察三星電子、蘋果等公司推出的專利，會看
到可以上下或往兩邊折疊延展型態的智慧型手機，前面、後
面及側邊都是由液晶螢幕形成的智慧型手機、可以捲起來的
智慧型手機，這些大概都會比超人類型態的通訊裝置更早出
現。不過，智慧型手機的外型和超人類裝置問世的時間點並
不重要，重點是人類要用這些機器做什麼。人類希望藉由拿
在手上、戴在手腕上、像眼鏡一樣戴上、移植到眼球上、放
入體內的裝置做到溝通、探險，並獲得成就。僅憑著現實世
界無法滿足人類對於溝通、探險及獲得成就的欲望。人類越
被滿足、欲望就越大，而網際網路和智慧型手機已經讓人的
欲望爆發到不可收拾的程度。因此，人類不停建造元宇宙，
並在這世界探索新的溝通方式、新的探險、和新的成就。智
慧型手機，還有與超人類相關的硬體、軟體、內容、平台等，
都是所有運營商往後該關注的元宇宙議題。

元宇宙的未來

　　2020 年 2 月，伊隆‧馬斯克創辦的 Space X 成功將 300

顆通訊衛星發送到地球上空，並表示往後將繼續發射 12000 顆私有衛星。2020 年 7 月，亞馬遜獲得美國聯邦通訊委員會許可得以發射人造衛星，並表示將投資 100 億美元、發射 3236 顆衛星。彭博社報導指出，蘋果為了開發人工衛星和 iphone 直接交換數據資料的技術，正在祕密地經營研究團隊。

　　蘋果、亞馬遜、Space X 等公司，為什麼如此執著於人造衛星？因為人造衛星的通訊功能，可以比現在更快速地將數據資料傳送到網際網路到不了的地區，也能更精密地追蹤使用者的位置。

　　2020 年 7 月 1 日，在 GSMA Thrive 線上峰會中，華為的 CMO（Chief Marketing Officer）甘斌表示：「4G 改變生活，5G 改變社會。」那接下來呢？在 6G 時代，預計衛星將與地面通訊結合，單就速度來看，會是 5G（20Gbps 的速度）的 5 到 50 倍。如果 4G 改變生活，5G 改變社會，那麼人造衛星將開創新世界。那世界就是元宇宙。當然現在也有元宇宙，然而當人造衛星以 1Tbps 的速度快速且精準連接地球所有區域的時代到來，可能會出現我們難以想像的嶄新元宇宙。

　　蘋果剛啟用 App Store 的時候，智慧型手機市場的競爭者們並沒有立即發現其潛力。當 Kakao 免費提供 Kakao Talk 服務時，人們並沒有設想到他們如何透過免費的通訊軟體賺

錢。1998 年 9 月 3 日，《天堂》遊戲首次於世界亮相。當時 NCsoft 公司將《天堂》程式裝入 CD 裡，親自拜訪網路咖啡廳裡並協助安裝。24 年後，NCsoft 的市價總額超過了 165 億美元。這是 NCsoft 開發的虛擬世界元宇宙 《天堂》所帶來的力量。

不久前，我開始準備創作一部長篇科幻小說《Cylinder》。故事背景是在不遠的未來全新登場的巨大元宇宙，內容講述了現實中人類欲望和矛盾。

當中設定巨大元宇宙成為了人們生活的基地，並成為一種統治的工具。裡面包含了各種角色，像是想要關閉這個元宇宙的人、想要在元宇宙內建立龐大帝國的人、流亡到元宇宙內的人、入侵生活在元宇宙之人的駭客、守護現實世界的人……等等，以及他們彼此之間錯綜複雜的關係。雖然我構想了這樣的故事，但我也很難精準預測元宇宙的未來會是什麼模樣。不過可以肯定的是，創造出嶄新元宇宙的企業和無法創新的企業之間，差距會進一步拉大。假如各位想找到超越蘋果、亞馬遜、Facebook、Google 等公司的路，請持續關注元宇宙的未來。我也會為各位前往元宇宙的旅程加油。

from 141

登入元宇宙：
解放自己，擴增夢想的次元

作者：金相均（김상균）
譯者：張雅眉、彭翊鈞
責任編輯：張晁銘
封面設計：兒日設計
內頁排版：江宜蔚
校對：陳怡慈

出版者：大塊文化出版股份有限公司
台北市 105022 南京東路四段 25 號 11 樓
www.locuspublishing.com　讀者服務專線：0800-006689
TEL：(02)87123898　FAX：(02)87123897
郵撥帳號：18955675　戶名：大塊文化出版股份有限公司
法律顧問：董安丹律師、顧慕堯律師

總經銷：大和書報圖書股份有限公司
地址：新北市新莊區五工五路 2 號
TEL：(02) 89902588　FAX：(02) 22901658

初版一刷：2022 年 5 月
定價：新台幣 450 元
ISBN：978-626-7118-32-0

國家圖書館出版品預行編目（CIP）資料

登入元宇宙 : 解放自己 , 擴增夢想的次元 = The Metaverse :
the digital earth–the world of rising trends/ 金相均著 ; 張雅眉 ,
彭翊鈞譯 . -- 初版 . -- 臺北市 : 大塊文化出版股份有限公司 ,
2022.05
面 ;　公分 . -- (from ; 141)
譯自 : 메타버스 : 디지털 지구 , 뜨는 것들의 세상
ISBN978-626-7118-32-0(平裝)
1.CST: 虛擬實境 2.CST: 電子商務 3.CST: 數位科技

312.8　　　　　　　　　　　　　　　　　111005339

LOCUS

LOCUS

LOCUS

LOCUS